Uni-Taschenbücher 628

UTB

Eine Arbeitsgemeinschaft der Verlage

Birkhäuser Verlag Basel · Boston · Stuttgart
Wilhelm Fink Verlag München
Gustav Fischer Verlag Stuttgart
Francke Verlag München
Paul Haupt Verlag Bern und Stuttgart
Dr. Alfred Hüthig Verlag Heidelberg
Leske Verlag + Budrich GmbH Opladen
J. C. B. Mohr (Paul Siebeck) Tübingen
C. F. Müller Juristischer Verlag – R. v. Decker's Verlag Heidelberg
Quelle & Meyer Heidelberg
Ernst Reinhardt Verlag München und Basel
F. K. Schattauer Verlag Stuttgart-New York
Ferdinand Schöningh Verlag Paderborn
Dr. Dietrich Steinkopff Verlag Darmstadt
Eugen Ulmer Verlag Stuttgart
Vandenhoeck & Ruprecht in Göttingen und Zürich
Verlag Dokumentation München

Peter Henrici
Rita Jeltsch

Komplexe Analysis für Ingenieure

Band 2

Birkhäuser Verlag
Basel · Boston · Stuttgart

Prof. Dr. PETER HENRICI, geboren 1923 in Basel. Studium der Elektrotechnik und Mathematik an der Eidgenössischen Technischen Hochschule Zürich (ETHZ); Diplomabschluss in beiden Fächern. 1951 wissenschaftlicher Mitarbeiter am National Bureau of Standards Washington; Verfassung der Promotionsarbeit. 1956 Professor für Mathematik an der University of California Los Angeles. Seit 1962 Professor an der ETHZ.

Prof. Dr. RITA JELTSCH-FRICKER, geboren 1942 in Solothurn, Schweiz. Studium der Mathematik an der Universität Basel und der ETHZ; 1971 Promotion ETHZ. 1972 Assistentin bei Prof. Dr. A. M. Ostrowski, Universität Basel; daneben Lehrauftrag für Ingenieurmathematik an der ETHZ. 1974 Habilitation Universität Basel. 1975 Dozent für Mathematik an der Ruhr-Universität Bochum. Seit 1976 Professor für Ingenieurmathematik an der Gesamthochschule Kassel.

CIP-Kurztitelaufnahme der Deutschen Bibliothek

Henrici, Peter:
Komplexe Analysis für Ingenieure/
Peter Henrici; Rita Jeltsch.
–Basel, Boston, Stuttgart: Birkhäuser.
  Bd. 1 mit d. Erscheinungsorten: Basel, Stuttgart.

NE: Jeltsch, Rita:

Bd. 2.–1980.
  (Uni-Taschenbücher; 628)
  ISBN 3-7643-0862-1

Nachdruck verboten. Alle Rechte, insbesondere das der Übersetzung in fremde Sprachen und der Reproduktion auf photostatischem Wege oder durch Mikrofilm, vorbehalten.

© Birkhäuser Verlag Basel, 1980
ISBN 3-7643-0862-1

Einbandgestaltung: A. Krugmann, Stuttgart
Einband: Grossbuchbinderei Sigloch, Stuttgart

Inhaltsverzeichnis

Band 2

5. Komplexe Integration 7
   5.1. Definition und Berechnung komplexer Integrale 7
   5.2. Integrale analytischer Funktionen 21
   5.3. Die Cauchysche Integralformel 39
   5.4. Anwendungen der Cauchyschen Integralformel 48
   5.5. Die Taylor–Reihe 59
   5.6. Die Laurent–Reihe 72
   5.7. Isolierte Singularitäten 89
   5.8. Residuenkalkül 103

6. Die Laplace-Transformation[1] 126
   6.1. Die Operatorenmethode 126
   6.2. Die Laplace-Transformierte einer Originalfunktion 130
   6.3. Analytische Eigenschaften der Laplace-Transformierten 143
   6.4. Grundregeln der Laplace-Transformation 152
   6.5. Gewöhnliche Differentialgleichungen 169
   6.6. Die Übertragungsfunktion 181
   6.7. Die Faltung 195
   6.8. Die Rücktransformation 205
Liste der Symbole 226
Sachverzeichnis 227

---

[1] Da die Theorie der komplexen Integration erst gegen Ende von Kapitel 6 benötigt wird, können die Kapitel 5 und 6 gleichzeitig miteinander gelesen werden.

Band 1

1. Komplexe Funktionen einer komplexen Variablen   1
  1.1. Begriff und geometrische Deutung........... 1
  1.2. Die linearen Funktionen.................... 10
  1.3. Die quadratische Funktion.................. 14
  1.4. Die komplexe Exponentialfunktion 21
  1.5. Die Umkehrfunktion....................... 25
  1.6. Der komplexe Logarithmus, allgemeine Potenzen 31
  1.7. Die Joukowski-Funktion.................... 42

2. Die Möbius-Transformationen................... 57
  2.1. Die Riemannsche Zahlenkugel 57
  2.2. Geometrische Eigenschaften der Möbius-Transformationen 69

3. Analytische Funktionen......................... 85
  3.1. Komplexe Differenzierbarkeit............... 85
  3.2. Analytische Funktionen 96
  3.3. Geometrische Deutung der komplexen Differenzierbarkeit........................ 108

4. Lösung ebener Potentialprobleme durch konforme Abbildung 116
  4.1. Konforme Verpflanzung von Potentialen 116
  4.2. Ebene elektrostatische Felder 130
  4.3. Ebene stationäre Strömungen idealer inkompressibler Flüssigkeiten..................... 148
Liste der Symbole 158
Sachverzeichnis 159

5 Komplexe Integration

5.1. *Definition und Berechnung komplexer Integrale*

Gegeben seien eine komplexe Funktion einer komplexen Variablen

$$f : z \to f(z)$$

mit dem Definitionsbereich $D(f)$ und eine in $D(f)$ verlaufende endliche Kurve Γ in komplexer Parameterdarstellung:

$$\Gamma : t \to z(t), \quad \alpha \leq t \leq \beta$$

(s. Fig. 5.1a). Man beachte, dass die Kurve Γ *orientiert* ist; $z(\alpha)$ ist der *Anfangspunkt* von Γ, $z(\beta)$ der *Endpunkt*.

Unser Ziel ist, das *Integral der Funktion f längs der Kurve* Γ zu definieren. Dazu zerlegen wir Γ in n Teile. Die Teilpunkte seien der Reihe nach (beginnend beim Anfangspunkt $z(\alpha)$)

$$z_0 := z(\alpha), z_1, z_2, \ldots, z_n := z(\beta)$$

(s. Fig. 5.1b); Δz_k bezeichne den «komplexen Abstand» von zwei aufeinanderfolgenden Teilpunkten:

$$\Delta z_k := z_{k+1} - z_k, \quad k = 0, 1, 2, \ldots, n-1.$$

Weiter wählen wir auf jedem Kurvenstück zwischen zwei aufeinanderfolgenden Teilpunkten z_k, z_{k+1} einen Zwischenpunkt ζ_k (der mit einem der beiden Endpunkte des Kurvenstücks zusammenfallen kann) und bilden nun damit die «Näherungssumme»

$$S_n := \sum_{k=0}^{n-1} f(\zeta_k)(z_{k+1} - z_k) = \sum_{k=0}^{n-1} f(\zeta_k) \Delta z_k.$$

5. Komplexe Integration

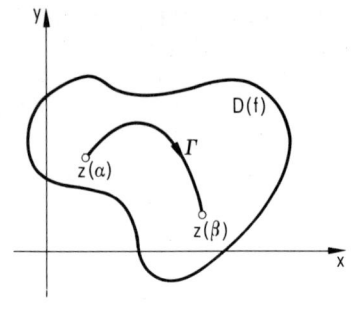

Fig. 5.1a

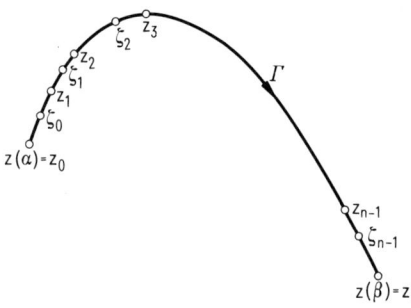

Fig. 5.1b

Wir lassen jetzt n gegen ∞ gehen, indem wir die Zerlegung von Γ auf eine solche Weise sukzessive verfeinern, dass alle Abstände Δz_k gegen Null streben. Der Grenzwert der Summen S_n für $n \to \infty$ kann, muss aber nicht existieren. Existiert der Grenzwert für jede Zerlegungsart von Γ (mit $\Delta z_k \to 0$) und für jede Wahl der Zwischenpunkte ζ_k, und hat er immer denselben Wert, so heisst dieser Wert das *Integral von f längs der Kurve* Γ. Man setzt

$$\lim_{n \to \infty} S_n = \lim_{n \to \infty} \sum_{k=0}^{n-1} f(\zeta_k)(z_{k+1} - z_k) =: \int_\Gamma f(z)\,dz. \qquad (1)$$

Man spricht hier von einem **komplexen Kurvenintegral**; f ist der **Integrand**, Γ der **Integrationsweg**.

Ist insbesondere f auf der reellen Achse reellwertig und Γ ein Stück der reellen Achse mit dem Anfangspunkt $x = \alpha$ und dem Endpunkt $x = \beta$ (s. Fig. 5.1c), so stellt das Kurvenintegral (1), da analog definiert, offenbar nichts anderes als ein «gewöhnliches» reelles (Riemannsches) Integral zwischen den Grenzen α und β dar:

$$\int_\Gamma f(z)\, \mathrm{d}z = \int_\alpha^\beta f(x)\, \mathrm{d}x. \tag{2}$$

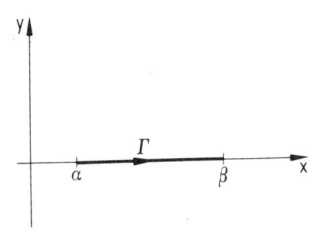

Fig. 5.1c

Bekanntlich kann das Integral (2) als Fläche gedeutet werden. Ein beliebiges komplexes Kurvenintegral hat keine unmittelbare geometrische Bedeutung.

Es kann gezeigt werden, dass das komplexe Kurvenintegral (1) unter den folgenden Voraussetzungen existiert:

(i) f ist stetig;
(ii) Γ besitzt eine Parameterdarstellung $z(t)$, $\alpha \leq t \leq \beta$, die bis auf endlich viele Stellen stetig differenzierbar ist, wobei $z'(t) \neq 0$.

Geometrisch bedeutet die Voraussetzung (ii), dass die Kurve Γ endlich viele «Knickstellen» haben kann, sonst aber eine sich stetig ändernde Tangente aufweist. Man nennt eine solche Kurve auch *stückweise glatt*.

Wir nehmen im folgenden stets an, dass die beiden Voraussetzungen (i) und (ii) erfüllt sind, was bei praktischen Anwendungsbeispielen i.allg. auch der Fall ist. Unter dieser Annahme braucht dann also zur Bestimmung des Integrals (1) der Grenzwert der Näherungssummen $\lim_{n\to\infty} S_n$ nur für eine spezielle Art der Zerlegung von Γ und eine spezielle Wahl der Zwischenpunkte ζ_k ermittelt zu werden.

BEISPIELE

① Sei $f(z) := z$ und Γ der *im positiven Sinn* (d.h. im Gegenuhrzeigersinn) einmal durchlaufene Einheitskreis (s. Fig. 5.1d). Welchen Wert hat das Integral

$$\int_\Gamma z \, dz \, ?$$

Wir wählen als Teilpunkte auf dem Einheitskreis

$$z_k := q^k, \qquad k = 0, 1, 2, \ldots, n,$$

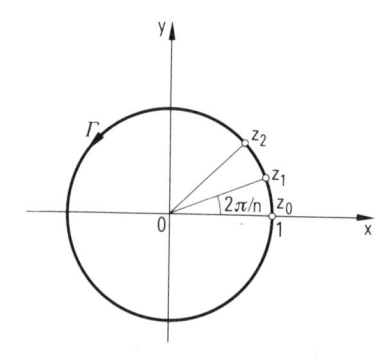

Fig. 5.1d

wobei
$$q := e^{2\pi i/n},$$
und als Zwischenpunkte
$$\zeta_k := z_k, \qquad k = 0, 1, 2, \ldots, n-1.$$

Damit berechnet sich hier die n-te Näherungssumme zu

$$\begin{aligned} S_n &= \sum_{k=0}^{n-1} f(\zeta_k)(z_{k+1} - z_k) \\ &= \sum_{k=0}^{n-1} z_k(z_{k+1} - z_k) \\ &= \sum_{k=0}^{n-1} q^k(q^{k+1} - q^k) \\ &= (q-1)\sum_{k=0}^{n-1} q^{2k} \\ &= (q-1)\sum_{k=0}^{n-1} (q^2)^k. \end{aligned}$$

Die letzte Summe ist eine endliche geometrische Reihe mit dem Quotienten q^2. Gemäss der Summenformel für die geometrische Reihe erhalten wir

$$S_n = (q-1)\frac{q^{2n}-1}{q^2-1}$$

oder wegen $q^2 - 1 = (q-1)(q+1)$

$$S_n = \frac{q^{2n}-1}{q+1}.$$

Nun ist aber

$$q^{2n} = e^{(2\pi i/n)2n} = e^{4\pi i} = 1$$

und somit
$$S_n = 0.$$
Da dies für alle n gilt, folgt
$$\int_\Gamma z \, dz = \lim_{n \to \infty} S_n = 0.$$
Unser Integral besitzt also den Wert Null.

② Sei $f(z) := \bar{z}$, Γ sei wieder der einmal im positiven Sinn durchlaufene Einheitskreis. Wir errechnen den Wert des Integrals
$$\int_\Gamma \bar{z} \, dz.$$

Mit den gleichen Teil- und Zwischenpunkten wie in Beispiel ① ergibt sich als n-te Näherungssumme
$$S_n = \sum_{k=0}^{n-1} \bar{q}^k (q^{k+1} - q^k).$$
Es ist
$$\bar{q} = e^{-2\pi i/n} = \frac{1}{q},$$
so dass sich die Summe zu
$$S_n = \sum_{k=0}^{n-1} (q-1)$$
vereinfacht, d.h., alle n Summanden sind gleich $q-1$. Wir haben also
$$S_n = n(q-1) = n(e^{2\pi i/n} - 1).$$
Um nun den Grenzwert $\lim_{n \to \infty} S_n$ zu bestimmen, setzen wir
$$l := \frac{2\pi i}{n}.$$

Da $l \to 0$ für $n \to \infty$, folgt

$$\lim_{n \to \infty} S_n = \lim_{n \to \infty} n(e^{2\pi i/n} - 1) = \lim_{l \to 0} \frac{2\pi i}{l}(e^l - 1) = 2\pi i \lim_{l \to 0} \frac{e^l - 1}{l}.$$

Unter dem letzten Limes-Zeichen steht gerade der Differenzenquotient der Funktion $z \to e^z$ an der Stelle $z = 0$ mit dem Zuwachs l (s. Abschnitt 3.1). Demnach ist der Grenzwert für $l \to 0$ die Ableitung der Funktion $z \to e^z$ an der Stelle $z = 0$, so dass sich schliesslich

$$\lim_{n \to \infty} S_n = 2\pi i \left.\frac{d}{dz} e^z\right|_{z=0} = 2\pi i$$

ergibt. Wir haben damit

$$\int_\Gamma \bar{z}\, dz = 2\pi i$$

gefunden.

③ Für die Punkte auf dem Einheitskreis gilt $\bar{z} = 1/z$. Es ist daher, wenn Γ wiederum den positiv durchlaufenen Einheitskreis bezeichnet,

$$\int_\Gamma \frac{1}{z}\, dz = \int_\Gamma \bar{z}\, dz = 2\pi i.$$

Obige Integrale waren verhältnismässig leicht zu bestimmen. Doch ist offensichtlich, dass dieser Weg der Integralberechnung durch Ermittlung des Grenzwerts der Näherungssummen $\lim_{n \to \infty} S_n$ i.allg. äusserst langwierig ist. Wir zeigen jetzt, wie ein komplexes Kurvenintegral

$$\int_\Gamma f(z)\, dz$$

5. Komplexe Integration

zurückgeführt werden kann auf ein *Integral einer komplexwertigen Funktion über einem reellen Intervall* und damit auf zwei «gewöhnliche» reelle Integrale.

Der Integrationsweg Γ habe die Parameterdarstellung

$$\Gamma: t \to z(t) = x(t) + iy(t), \qquad \alpha \leq t \leq \beta$$

($x(t)$, $y(t)$ reell). Wir gehen nun bei der Zerlegung von Γ von einer Zerlegung des Parameterintervalls $\alpha \leq t \leq \beta$ aus (s. Fig. 5.1e):

$$z_k := z(t_k), \qquad k = 0, 1, 2, \ldots, n,$$

wobei

$$t_0 := \alpha < t_1 < t_2 < \cdots < t_n := \beta.$$

Sei

$$\Delta t_k := t_{k+1} - t_k, \qquad k = 0, 1, 2, \ldots, n-1.$$

Es ist dann

$$\begin{aligned}\Delta z_k &= z_{k+1} - z_k \\ &= z(t_{k+1}) - z(t_k) \\ &= [x(t_{k+1}) - x(t_k)] + i[y(t_{k+1}) - y(t_k)].\end{aligned}$$

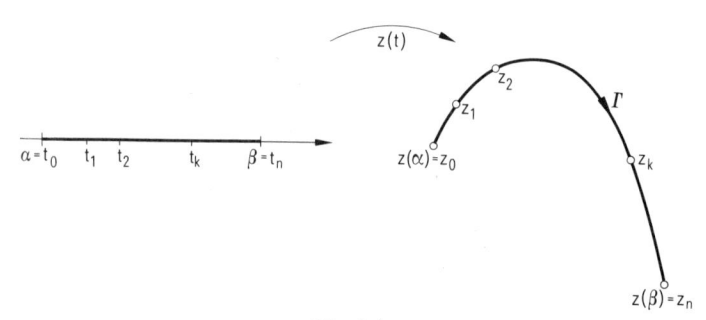

Fig. 5.1e

5.1. Definition und Berechnung komplexer Integrale

Indem wir die beiden Ausdrücke in den eckigen Klammern durch die Differentiale von $x(t)$ bzw. $y(t)$ an der Stelle t_k approximieren, ergibt sich weiter

$$\Delta z_k = [x'(t_k) + iy'(t_k)] \Delta t_k + \Phi_k$$
$$= z'(t_k) \Delta t_k + \Phi_k,$$

wobei für den Approximationsfehler Φ_k

$$\frac{\Phi_k}{\Delta t_k} \to 0 \quad \text{für} \quad n \to \infty$$

gilt, d.h., Φ_k geht «schneller» gegen Null als Δt_k. Ferner wählen wir im Parameterintervall als Zwischenpunkte τ_k, $t_k \leq \tau_k \leq t_{k+1}$, die Punkte

$$\tau_k := t_k, \qquad k = 0, 1, 2, \ldots, n-1,$$

und entsprechend wählen wir als Zwischenpunkte auf Γ

$$\zeta_k := z(\tau_k) = z(t_k) = z_k, \qquad k = 0, 1, 2, \ldots, n-1.$$

Damit hat nun die n-te Näherungssumme des Kurvenintegrals die Gestalt

$$S_n = \sum_{k=0}^{n-1} f(\zeta_k) \Delta z_k$$
$$= \sum_{k=0}^{n-1} f(z(t_k))[z'(t_k) \Delta t_k + \Phi_k].$$

Wenn wir hier einmal in der zweiten Summe von den Approximationsfehlern Φ_k absehen, so steht gerade die n-te Näherungssumme des Integrals

$$\int_\alpha^\beta f(z(t)) z'(t) \, dt$$

mit der *reellen* Integrationsvariablen t da. Es kann nun

tatsächlich gezeigt werden, dass

$$\lim_{n\to\infty} S_n = \int_\alpha^\beta f(z(t))z'(t)\,dt.$$

Das heisst aber, dass die Beziehung

$$\int_\Gamma f(z)\,dz = \int_\alpha^\beta f(z(t))z'(t)\,dt \tag{3}$$

besteht. Gemäss Herleitung ist hiebei $z(t)$, $\alpha \le t \le \beta$, eine beliebige Parameterdarstellung des Integrationsweges Γ.

Aufgrund der Beziehung (3) ergibt sich folgendes *Rezept zur Berechnung eines komplexen Kurvenintegrals*:

1. Man stelle den Integrationsweg Γ in Parameterform dar:

$$\Gamma: t \to z(t), \quad \alpha \le t \le \beta;$$

2. Man substituiere im Integral $z := z(t)$, $dz := z'(t)\,dt$;
3. Man ersetze den Integrationsweg Γ durch die «t-Grenzen» α und β;
4. Man integriere.

Wir rechnen jetzt mit der neuen Methode nochmals die Beispiele ①, ②, ③.

BEISPIELE. In den drei nachstehenden Beispielen bedeutet Γ wieder den einmal im positiven Sinn durchlaufenen Einheitskreis.

④ Wir wählen als Parameterdarstellung von Γ die Darstellung

$$\Gamma: t \to z(t) := e^{it}, \quad 0 \le t \le 2\pi.$$

Es ist dann

$$dz = z'(t)\,dt = ie^{it}\,dt.$$

5.1. Definition und Berechnung komplexer Integrale

Damit erhalten wir gemäss Rezept

$$\int_\Gamma z \, \mathrm{d}z = \int_0^{2\pi} \mathrm{e}^{it} i\mathrm{e}^{it} \, \mathrm{d}t = i \int_0^{2\pi} \mathrm{e}^{2it} \, \mathrm{d}t$$
$$= \frac{1}{2} \mathrm{e}^{2it} \Big|_0^{2\pi} = \frac{1}{2} (\mathrm{e}^{4\pi i} - \mathrm{e}^0)$$
$$= 0.$$

⑤ Mit der gleichen Parameterdarstellung von Γ wie in Beispiel ④ ergibt sich

$$\int_\Gamma \bar{z} \, \mathrm{d}z = \int_0^{2\pi} \mathrm{e}^{-it} i\mathrm{e}^{it} \, \mathrm{d}t = i \int_0^{2\pi} 1 \cdot \mathrm{d}t = 2\pi i.$$

⑥ Entsprechend Beispiel ⑤ finden wir

$$\int_\Gamma \frac{1}{z} \, \mathrm{d}z = \int_0^{2\pi} \mathrm{e}^{-it} i\mathrm{e}^{it} \, \mathrm{d}t = 2\pi i.$$

Aus der Analogie der Definitionen ergibt sich, dass das komplexe Kurvenintegral ähnliche Grundeigenschaften besitzt wie das bestimmte reelle Integral.

Grundeigenschaften des komplexen Kurvenintegrals

(i) *Additivität bezüglich des Integranden.* Für zwei komplexe Funktionen f und g gilt

$$\int_\Gamma [f(z) + g(z)] \, \mathrm{d}z = \int_\Gamma f(z) \, \mathrm{d}z + \int_\Gamma g(z) \, \mathrm{d}z.$$

(ii) *Homogenität bezüglich des Integranden.* Für eine beliebige komplexe Konstante c gilt

$$\int_\Gamma cf(z) \, \mathrm{d}z = c \int_\Gamma f(z) \, \mathrm{d}z.$$

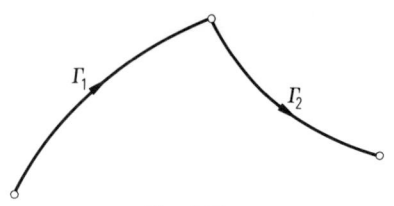

Fig. 5.1f

(iii) *Additivität bezüglich des Integrationsweges.* Sind Γ_1 und Γ_2 zwei Kurven derart, dass der Endpunkt von Γ_1 zugleich Anfangspunkt von Γ_2 ist, so schreiben wir $\Gamma_1+\Gamma_2$ für die aus Γ_1 und Γ_2 zusammengesetzte Kurve (s. Fig. 5.1f). Es gilt

$$\int_{\Gamma_1+\Gamma_2} f(z)\,\mathrm{d}z = \int_{\Gamma_1} f(z)\,\mathrm{d}z + \int_{\Gamma_2} f(z)\,\mathrm{d}z.$$

(iv) *Homogenität bezüglich des Integrationsweges.* Mit $-\Gamma$ bezeichnen wir die in entgegengesetzter Richtung durchlaufene Kurve Γ (s. Fig. 5.1g). Es gilt

$$\int_{-\Gamma} f(z)\,\mathrm{d}z = -\int_{\Gamma} f(z)\,\mathrm{d}z.$$

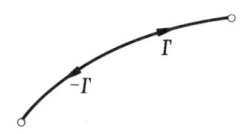

Fig. 5.1g

(v) *Obere Schranke für den Betrag des Integralwertes.* Es bezeichne L die Länge der Kurve Γ und M den maximalen Betrag von $f(z)$ auf Γ:

$$M := \max_{z \in \Gamma} |f(z)|.$$

5.1. Definition und Berechnung komplexer Integrale

Dann gilt

$$\left| \int_\Gamma f(z)\,dz \right| \le ML. \qquad (4)$$

Beweis. Für die n-te Näherungssumme S_n, n beliebig, gilt

$$|S_n| = \left| \sum_{k=0}^{n-1} f(\zeta_k)(z_{k+1}-z_k) \right|$$
$$\le \sum_{k=0}^{n-1} |f(\zeta_k)|\,|z_{k+1}-z_k|$$
$$\le M \sum_{k=0}^{n-1} |z_{k+1}-z_k|.$$

Die letzte Summe stellt geometrisch gesehen die Länge eines der Kurve Γ einbeschriebenen Polygonzuges dar (s. Fig. 5.1h). Es ist demnach

$$\sum_{k=0}^{n-1} |z_{k+1}-z_k| \le L.$$

Damit haben wir

$$|S_n| \le ML.$$

Hieraus folgt durch den Grenzübergang $n \to \infty$ die Behauptung.

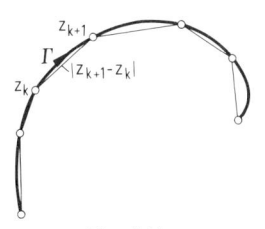

Fig. 5.1h

Obige Abschätzung (4) des Kurvenintegrals ist gelegentlich zu grob. Man erhält i.allg. eine bessere Abschätzung, wenn man zunächst das Kurvenintegral gemäss Formel (3) in ein Integral einer komplexwertigen Funktion über einem reellen Intervall umwandelt und dann wie folgt abschätzt:

$$\left|\int_\Gamma f(z)\,dz\right| = \left|\int_\alpha^\beta f(z(t))z'(t)\,dt\right| \leq \int_\alpha^\beta |f(z(t))z'(t)|\,dt. \quad (5)$$

Die letzte Abschätzungsformel sei hier ohne Beweis gegeben.

AUFGABEN

1. Sei Γ ein Stück einer logarithmischen Spirale:

$$\Gamma: t \to z(t) := e^{(1+i)t}, \qquad 0 \leq t \leq 2\pi.$$

Man berechne den Wert des Integrals

$$\int_\Gamma \frac{1}{z}\,dz$$

(a) als Grenzwert der Näherungssummen S_n (Wahl der Teil- und Zwischenpunkte:

$$z_k = \zeta_k = q^k, \qquad q := e^{(1+i)2\pi/n}, \qquad k = 0, 1, 2, \ldots, n.),$$

(b) durch Zurückführen auf ein «gewöhnliches» Integral über eine Funktion in t.

2. Gegeben sei die Ellipse

$$\Gamma: t \to z(t) := e^{it} + \frac{1}{4}e^{-it}, \qquad 0 \leq t \leq 2\pi.$$

Man berechne den Wert des Integrals

$$\int_\Gamma z\,dz$$

nach den beiden Methoden von Aufgabe 1.

3. Sei Γ die in der linken Halbebene liegende Hälfte des Einheitskreises, durchlaufen von $z = i$ nach $z = -i$. Welchen Wert hat das Integral

$$\int_\Gamma \frac{1}{z}\,dz\,?$$

4. Sei a eine komplexe Zahl, Γ der positiv durchlaufene Kreis vom Radius r mit dem Mittelpunkt a. Man berechne

$$\int_\Gamma (z-a)^n\,dz$$

für beliebige ganze Zahlen n (positiv, negativ oder 0).

5.2. *Integrale analytischer Funktionen*

Im letzten Abschnitt haben wir bei den komplexen Kurvenintegralen über die Funktionen, über die integriert wird, keine Voraussetzungen gemacht, ausser dass sie stetig seien. Jetzt wollen wir annehmen, dass die Funktionen in einem geeigneten Gebiet *analytisch* sind.

Zunächst sei daran erinnert, dass ein Gebiet *einfach zusammenhängend* heisst, wenn es keine «Löcher» aufweist (s. Abschnitt 3.2). Ferner heisst eine Kurve **geschlossen**, wenn Anfangs- und Endpunkt der Kurve zusammenfallen und eine geschlossene Kurve heisst **einfach geschlossen**, wenn sie unverschlauft ist (s. Fig. 5.2a).

einfach geschlossen   nicht einfach geschlossen

Fig. 5.2a

Es gilt nun der folgende Satz, der für die ganze komplexe Integrationstheorie von fundamentaler Bedeutung ist.

SATZ 5.2a (*Cauchyscher Integralsatz*). *Der Definitionsbereich der Funktion f sei ein einfach zusammenhängendes Gebiet G, f sei analytisch in G. Dann gilt für jede geschlossene Kurve Γ in G*

$$\int_\Gamma f(z)\,dz = 0;$$

in Worten: *Das Integral von f längs jeder geschlossenen Kurve in G ist Null.*

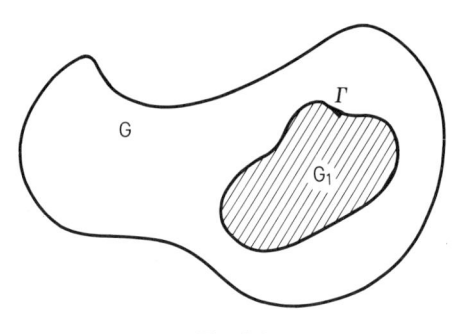

Fig. 5.2b

Beweis. Es sei Γ eine beliebige geschlossene Kurve in G mit der Parameterdarstellung

$$\Gamma: t \to z(t), \qquad \alpha \le t \le \beta.$$

Nach (3), Abschnitt 5.1, gilt

$$\int_\Gamma f(z)\,dz = \int_\alpha^\beta f(z(t))z'(t)\,dt.$$

Mit den üblichen Bezeichnungen für Real- und Imaginärteile

5.2. Integrale analytischer Funktionen

von z, $z(t)$, $f(z)$,

$$z = x + iy, \qquad z(t) = x(t) + iy(t), \qquad f(z) = u(z) + iv(z),$$

erhalten wir daraus

$$\int_\Gamma f(z)\,dz = \int_\alpha^\beta [u(z(t)) + iv(z(t))][x'(t) + iy'(t)]\,dt$$
$$= \int_\alpha^\beta [u(z(t))x'(t) - v(z(t))y'(t)]\,dt$$
$$+ i \int_\alpha^\beta [v(z(t))x'(t) + u(z(t))y'(t)]\,dt$$

oder in bekannter kurzer Schreibweise

$$\int_\Gamma f(z)\,dz = \int_\Gamma (u\,dx - v\,dy) + i \int_\Gamma (v\,dx + u\,dy). \qquad (1)$$

Damit sind Real- und Imaginärteil des komplexen Kurvenintegrals durch zwei *reelle* Kurvenintegrale ausgedrückt. Wir zeigen jetzt mit Hilfsmitteln aus der Vektoranalysis, dass beide reellen Kurvenintegrale Null sind. Dabei können wir annehmen, Γ sei eine einfach geschlossene Kurve; denn falls Schlaufen vorhanden sind, zerlegen wir Γ in mehrere einfach geschlossene Kurven (s. Fig. 5.2c). Zudem können wir annehmen, Γ sei positiv orientiert, ansonsten betrachten wir $-\Gamma$.

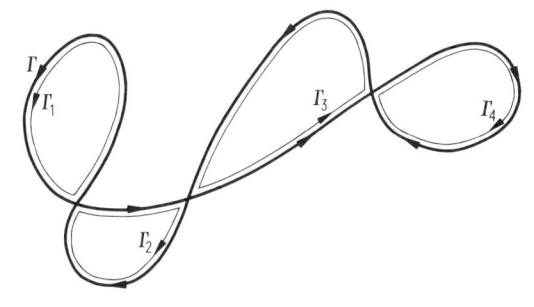

Fig. 5.2c

5. Komplexe Integration

Das reelle Kurvenintegral

$$\int_\Gamma (u\,dx - v\,dy)$$

kann als Arbeit des ebenen Vektorfeldes $\mathbf{p} := (u, -v)$ längs der Kurve Γ interpretiert werden. Nach dem *Satz von Stokes für die Ebene*[*] ist diese Arbeit gleich dem Integral von rot $\mathbf{p}$ über dem von Γ eingeschlossenen Gebiet G_1 (s. Fig. 5.2b), also

$$\int_\Gamma (u\,dx - v\,dy) = \iint_{G_1} \operatorname{rot} \mathbf{p}\, dx\, dy$$

mit

$$\operatorname{rot} \mathbf{p} = \frac{\partial(-v)}{\partial x} - \frac{\partial u}{\partial y} = -v_x - u_y.$$

Nun ist f analytisch, so dass u und v den Cauchy–Riemannschen Differentialgleichungen

$$u_x = v_y, \qquad u_y = -v_x$$

genügen. Wegen der zweiten Gleichung haben wir hier offenbar

$$\operatorname{rot} \mathbf{p} \equiv 0 \quad \text{in} \quad G.$$

Folglich ist

$$\iint_{G_1} \operatorname{rot} \mathbf{p}\, dx\, dy = 0$$

---

[*] Auch *Greenscher Satz* genannt.

und damit
$$\int_\Gamma (u\,dx - v\,dy) = 0.$$

Analog kann man das reelle Kurvenintegral
$$\int_\Gamma (v\,dx + u\,dy)$$
als Arbeit des ebenen Vektorfeldes $\mathbf{q} := (v, u)$ längs Γ deuten. Es ist
$$\operatorname{rot} \mathbf{q} = u_x - v_y,$$
also wegen der ersten der Cauchy–Riemannschen Differentialgleichungen
$$\operatorname{rot} \mathbf{q} \equiv 0 \quad \text{in} \quad G.$$
Hieraus schliessen wir wiederum unter Anwendung des Satzes von Stokes, dass auch
$$\int_\Gamma (v\,dx + u\,dy) = 0.$$

Aus (1) folgt jetzt unmittelbar
$$\int_\Gamma f(z)\,dz = 0,$$
wie behauptet.

Im Zusammenhang mit dem Cauchyschen Integralsatz betrachten wir noch einmal die Beispiele von Abschnitt 5.1.

BEISPIELE. In den drei folgenden Beispielen bezeichnet Γ den einmal im positiven Sinn durchlaufenen Einheitskreis.

① Sei $f(z) := z$. f ist in der ganzen komplexen Ebene analytisch. Nach dem Cauchyschen Integralsatz ist dann das Integral von f längs jeder geschlossenen Kurve gleich Null, also insbesondere das Integral längs Γ. In der Tat haben wir in Abschnitt 5.1 festgestellt, dass

$$\int_\Gamma z \, dz = 0.$$

② Sei $f(z) := \bar{z}$. f ist in keinem Gebiet analytisch. Demnach ist hier der Cauchysche Integralsatz nicht anwendbar, d.h., das Integral von f längs einer geschlossenen Kurve muss nicht notwendigerweise Null sein. In Abschnitt 5.1 haben wir denn auch

$$\int_\Gamma \bar{z} \, dz = 2\pi i$$

gefunden.

③ Sei $f(z) := 1/z$. Es ist nach Abschnitt 5.1

$$\int_\Gamma \frac{1}{z} \, dz = 2\pi i.$$

Der Cauchysche Integralsatz gilt also wieder nicht. Zwar ist hier f analytisch, doch ist der Definitionsbereich von f nicht einfach zusammenhängend, denn der Definitionsbereich hat bei $z = 0$ ein (wenn auch sehr kleines) Loch.

Das folgende Beispiel zeigt, wie in manchen Fällen mit Hilfe des Cauchyschen Integralsatzes reelle Integrale bestimmt werden können, die mit den herkömmlichen Methoden der reellen Integralrechnung nicht ohne weiteres angreifbar sind.

④ Es sei

$$f: z \to e^{-z^2}, \qquad z \in \mathbb{C}.$$

5.2. Integrale analytischer Funktionen

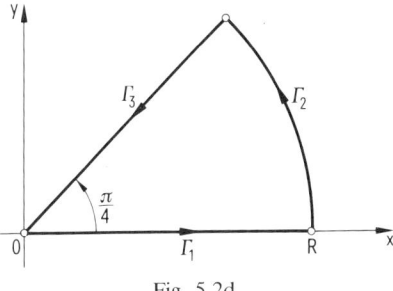

Fig. 5.2d

f ist in der ganzen komplexen Ebene analytisch. Nach dem Cauchyschen Integralsatz verschwindet daher das Integral von f längs jeder geschlossenen Kurve. Wir integrieren f längs der in Fig. 5.2d eingezeichneten Kurve, wobei wir

$$I_k := \int_{\Gamma_k} f(z)\,dz = \int_{\Gamma_k} e^{-z^2}\,dz, \qquad k = 1, 2, 3,$$

setzen.

Γ_1 stellt die Strecke von $x = 0$ bis $x = R$ auf der reellen Achse dar. Demgemäss ist

$$I_1 = \int_0^R e^{-t^2}\,dt\,;$$

I_1 ist das bekannte *Gauss'sche Fehlerintegral*. Für $R \to \infty$ – uns interessiert nachher nur dieser Grenzwert – gilt, wie man aus der reellen Analysis weiss,

$$\lim_{R \to \infty} I_1 = \lim_{R \to \infty} \int_0^R e^{-t^2}\,dt = \int_0^\infty e^{-t^2}\,dt = \frac{\sqrt{\pi}}{2}. \qquad (2)$$

Der Kreisbogen Γ_2 besitzt die Parameterdarstellung

$$\Gamma_2 : t \to z(t) := Re^{it}, \qquad 0 \le t \le \frac{\pi}{4},$$

mit
$$dz = z'(t)\,dt = iRe^{it}\,dt.$$

Gemäss (3), Abschnitt 5.1, haben wir also

$$I_2 = \int_0^{\pi/4} f(z(t))z'(t)\,dt = iR\int_0^{\pi/4} e^{-R^2 e^{2it}} e^{it}\,dt.$$

Wir zeigen nun

$$\lim_{R\to\infty} I_2 = 0. \tag{3}$$

Wir schätzen dazu $|I_2|$ auf die in (5), Abschnitt 5.1, angegebene Weise ab. Es ist

$$|f(z(t))z'(t)| = |iRe^{-R^2 e^{2it}} e^{it}| = |Re^{-R^2(\cos 2t + i\sin 2t)}|$$
$$= Re^{-R^2 \cos 2t}.$$

Wie aus Fig. 5.2e ersichtlich, besteht nun für $0 \le t \le \pi/4$ die Ungleichung

$$\cos 2t \ge 1 - \frac{4t}{\pi}.$$

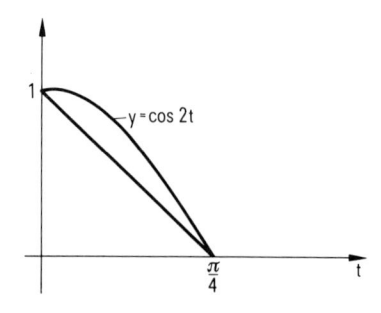

Fig. 5.2e

Daher gilt für $0 \le t \le \pi/4$
$$|f(z(t))z'(t)| \le R e^{-R^2(1-4t/\pi)}.$$
Dies liefert jetzt die Abschätzung
$$\begin{aligned}|I_2| &\le \int_0^{\pi/4} |f(z(t))z'(t)|\, dt \\ &\le \int_0^{\pi/4} R e^{-R^2(1-4t/\pi)}\, dt \\ &= R e^{-R^2} \int_0^{\pi/4} e^{4R^2 t/\pi}\, dt \\ &= R e^{-R^2} \frac{\pi}{4R^2}(e^{R^2} - 1) \\ &= \frac{\pi}{4R}(1 - e^{-R^2}) \\ &< \frac{\pi}{4R}.\end{aligned}$$

Die Schranke $\pi/4R$ strebt für $R \to \infty$ gegen Null. Daraus folgt aber die Behauptung (3).

Endlich parametrisieren wir auch den Integrationsweg von I_3 (wir integrieren längs der Strecke $-\Gamma_3$ und nehmen den negativen Wert des Integrals):
$$-\Gamma_3 : t \to z(t) := t e^{i\pi/4}, \qquad 0 \le t \le R,$$
wobei
$$dz = e^{i\pi/4}\, dt.$$
Unter Berücksichtigung von $(e^{i\pi/4})^2 = e^{i\pi/2} = i$ erhalten wir
$$\begin{aligned}I_3 &= -\int_0^R f(z(t))z'(t)\, dt = -e^{i\pi/4}\int_0^R e^{-it^2}\, dt \\ &= -e^{i\pi/4}\int_0^R (\cos t^2 - i\sin t^2)\, dt.\end{aligned}$$

5. Komplexe Integration

Nach dem Cauchyschen Integralsatz gilt nun für jedes $R>0$

$$I_1+I_2+I_3=0$$

oder also

$$-I_3=I_1+I_2,$$

d.h.

$$e^{i\pi/4}\int_0^R (\cos t^2 - i \sin t^2)\,dt = \int_0^R e^{-t^2}\,dt + iR\int_0^{\pi/4} e^{-R^2 e^{2it}} e^{it}\,dt.$$

Wir führen hier jetzt den Grenzübergang $R\to\infty$ durch. Wegen (2) und (3) existiert der Grenzwert des auf der rechten Seite stehenden Ausdrucks und hat den Wert $\sqrt{\pi}/2$. Damit existiert auch der Grenzwert des Integrals links, und es gilt

$$e^{i\pi/4}\int_0^\infty (\cos t^2 - i \sin t^2)\,dt = \frac{\sqrt{\pi}}{2},$$

oder also

$$\int_0^\infty (\cos t^2 - i \sin t^2)\,dt = \frac{\sqrt{\pi}}{2\sqrt{2}}(1-i).$$

Durch Trennen von Real- und Imaginärteil ergeben sich daraus die sogenannten *Fresnelschen Integrale*

$$\int_0^\infty \cos t^2\,dt = \int_0^\infty \sin t^2\,dt = \frac{\sqrt{\pi}}{2\sqrt{2}}.$$

(Die Fresnelschen Integrale spielen in der Optik eine wichtige Rolle.) Es ist nicht möglich, diese Integrale auf elementare Weise durch Aufsuchen einer Stammfunktion zu bestimmen.

5.2. Integrale analytischer Funktionen

Wir kehren wieder zu der allgemeinen Theorie zurück. Die Funktion f erfülle die Voraussetzungen des Cauchyschen Integralsatzes, d.h., f sei analytisch in einem einfach zusammenhängenden Gebiet G. Aus dem Cauchyschen Integralsatz folgt, dass dann das Integral von f längs zweier Kurven Γ, Γ_1 mit dem gleichen Anfangspunkt z_0 und dem gleichen Endpunkt z_1 den gleichen Wert hat, denn sonst wäre das Integral längs der geschlossenen Kurve $\Gamma - \Gamma_1$ nicht Null (s. Fig. 5.2f). Mit andern Worten: Das Integral

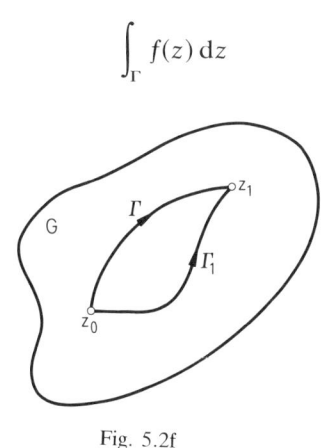

$$\int_\Gamma f(z)\,dz$$

Fig. 5.2f

hängt nur von Anfangs- und Endpunkt des Integrationsweges Γ ab, nicht aber vom Verlauf von Γ dazwischen. Man verwendet denn auch die Schreibweise

$$\int_{z_0}^{z_1} f(z)\,dz := \int_\Gamma f(z)\,dz.$$

Wir betrachten jetzt die Funktion

$$F_{z_0} : z \to \int_{z_0}^{z} f(\zeta)\,d\zeta, \qquad z \in G,$$

z_0 fest, wobei nach dem eben Gesagten längs einer beliebigen Kurve von z_0 nach z integriert werden kann. Wir behaupten: F_{z_0} ist analytisch, und es gilt

$$F'_{z_0}(z) = f(z), \qquad z \in G. \tag{4}$$

Wir geben hier zwei Beweise dieses wichtigen Satzes.

Erster Beweis. Wir bestimmen die Ableitung von F_{z_0} in einem beliebigen Punkt $z \in G$. Der Differenzenquotient von F_{z_0} an der Stelle z hat die Gestalt

$$d(l) := \frac{F_{z_0}(z+l) - F_{z_0}(z)}{l}$$

$$= \frac{1}{l}\left\{\int_{z_0}^{z+l} f(\zeta)\,d\zeta - \int_{z_0}^{z} f(\zeta)\,d\zeta\right\}$$

$$= \frac{1}{l}\int_{z}^{z+l} f(\zeta)\,d\zeta.$$

Indem wir beim letzten Integral als Integrationsweg die Verbindungsstrecke zwischen den beiden Punkten z und $z+l$ wählen (s. Fig. 5.2g), ergibt sich weiter

$$d(l) = \int_0^1 f(z+lt)\,dt.$$

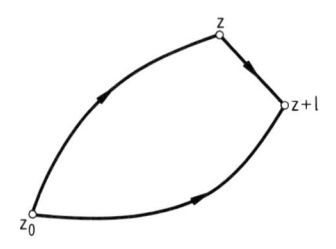

Fig. 5.2g

5.2. Integrale analytischer Funktionen

Der Grenzübergang $l \to 0$ liefert nun, da der Integrand auf der rechten Seite gegen $f(z)$ strebt,

$$\lim_{l \to 0} d(l) = \lim_{l \to 0} \frac{F_{z_0}(z+l) - F_{z_0}(z)}{l} = f(z).$$

Das bedeutet aber, dass F_{z_0} komplex-differenzierbar ist und (4) gilt.

Zweiter Beweis. Sei

$$F_{z_0} = U + iV, \qquad U(z) = U(x, y), \qquad V(z) = V(x, y).$$

Wir weisen nach, dass U und V den Cauchy–Riemannschen Differentialgleichungen genügen, woraus ja die Analytizität von F_{z_0} folgt. Wir gehen dabei wieder von der im Beweis des Cauchyschen Integralsatzes gegebenen vektoranalytischen Interpretation der entsprechenden reellen Kurvenintegrale aus.

Gemäss Beziehung (1) haben wir

$$U(x, y) + iV(x, y) = \int_{z_0}^{z} (u\, dx - v\, dy) + i \int_{z_0}^{z} (v\, dx + u\, dy).$$

Die beiden Integrale rechts stellen die Arbeit der ebenen Vektorfelder $(u, -v)$ bzw. (v, u) längs des Integrationsweges dar, wobei, wie wir aus dem Beweis des Cauchyschen Integralsatzes wissen, die Arbeit vom Weg unabhängig ist. U und V haben somit die Bedeutung eines Potentials der Vektorfelder $(u, -v)$ bzw. (v, u). Bekanntlich bekommt man durch Bildung des Gradienten des Potentials wieder das zugehörige Vektorfeld heraus, so dass also

$$\operatorname{grad} U := (U_x, U_y) = (u, -v), \qquad \operatorname{grad} V := (V_x, V_y) = (v, u)$$

oder, wenn wir die Gleichungen komponentenweise schreiben,

$$U_x = u, \qquad U_y = -v, \qquad V_x = v, \qquad V_y = u.$$

Hieraus ergeben sich aber unmittelbar die Cauchy-Riemannschen Differentialgleichungen für U und V:
$$U_x = V_y, \qquad U_y = -V_x.$$
Weiter erhalten wir
$$F'_{z_0} = U_x + iV_x = u + iv = f,$$
also wieder (4).

Wir fassen zusammen:

SATZ 5.2b (*Hauptsatz der komplexen Integralrechnung*). *Die Funktion f sei analytisch in einem einfach zusammenhängenden Gebiet G, z_0 sei ein beliebiger fester Punkt in G. Dann ist die Funktion*
$$F_{z_0}: z \longrightarrow \int_{z_0}^{z} f(\zeta)\, d\zeta, \qquad z \in G,$$
analytisch, und es gilt $F'_{z_0} = f$.

Analog wie im Reellen definiert man:

DEFINITION. *Die Funktionen f und F seien im Gebiet G definiert, F sei analytisch in G, und es gelte $F' = f$. Dann heisst F eine **Stammfunktion** von f.*

Satz 5.2b besagt, dass die Funktion F_{z_0} eine Stammfunktion von f ist.

Wie in der reellen Integralrechnung kann der Wert eines Integrals
$$\int_{z_0}^{z_1} f(z)\, dz$$
leicht angegeben werden, wenn eine Stammfunktion von f

bekannt ist. Denn sei F eine beliebige Stammfunktion von f und F_{z_0} die oben definierte. Aus

$$F'_{z_0} = F' = f$$

folgt, dass sich die beiden Funktionen F_{z_0} und F nur um eine Konstante c voneinander unterscheiden:

$$F_{z_0}(z) = F(z) + c.$$

Wegen $F_{z_0}(z_0) = 0$ ist

$$c = -F(z_0),$$

also

$$F_{z_0}(z) = F(z) - F(z_0).$$

Damit können wir jetzt den Wert des Integrals

$$\int_{z_0}^{z_1} f(z)\,dz = F_{z_0}(z_1)$$

durch die Stammfunktion F ausdrücken; es ergibt sich die uns aus der reellen Analysis wohl vertraute *Formel zur Berechnung eines bestimmten Integrals mittels einer Stammfunktion*:

$$\int_{z_0}^{z_1} f(z)\,dz = F(z_1) - F(z_0). \tag{5}$$

Wie im Reellen schreibt man für die auf der rechten Seite stehende Funktionsdifferenz $F(z_1) - F(z_0)$ auch

$$F(z)|_{z_0}^{z_1}, \qquad [F(z)]_{z_0}^{z_1}.$$

Wir erwähnen noch, dass Formel (5) in beliebigen Gebieten G gilt, nicht nur in einfach zusammenhängenden, vorausgesetzt, F ist Stammfunktion von f in G.

BEISPIEL

⑤ Sei $a>0$, $b>0$. Wir bestimmen das Integral

$$\int_{a-ib}^{a+ib} \frac{1}{z^2}\, dz$$

auf drei verschiedene Weisen (s. Fig. 5.2h):

(i) durch Aufsuchen einer Stammfunktion;
(ii) durch Integration längs der Strecke

$$\Gamma_1: t \to z(t) := a + it, \qquad -b \le t \le b;$$

(iii) durch Integration längs des Kreisbogens

$$\Gamma_2: t \to z(t) := \sqrt{a^2+b^2}\, e^{it}, \qquad -\phi \le t \le \phi.$$

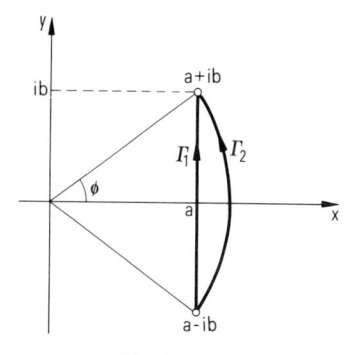

Fig. 5.2h

ad (i): Der Integrand

$$f: z \to \frac{1}{z^2}, \qquad z \ne 0,$$

hat als Stammfunktion

$$F: z \to -\frac{1}{z}, \qquad z \ne 0,$$

denn es gilt ja $(-1/z)' = 1/z^2$. Damit ergibt sich nach (5)

$$\int_{a-ib}^{a+ib} \frac{1}{z^2} dz = -\frac{1}{z}\bigg|_{a-ib}^{a+ib} = -\frac{1}{a+ib} + \frac{1}{a-ib} = \frac{2ib}{a^2+b^2}.$$

ad (ii): Gemäss (3), Abschnitt 5.1, erhalten wir

$$\int_{a-ib}^{a+ib} \frac{1}{z^2} dz = i\int_{-b}^{b} \frac{1}{(a+it)^2} dt = -\frac{1}{a+it}\bigg|_{-b}^{b} = \frac{2ib}{a^2+b^2}.$$

ad (iii): Wiederum nach (3), Abschnitt 5.1, finden wir

$$\int_{a-ib}^{a+ib} \frac{1}{z^2} dz = \frac{i}{\sqrt{a^2+b^2}} \int_{-\phi}^{\phi} e^{-it} dt = -\frac{e^{-it}}{\sqrt{a^2+b^2}}\bigg|_{-\phi}^{\phi}$$

$$= \frac{2i}{\sqrt{a^2+b^2}} \sin\phi = \frac{2ib}{a^2+b^2},$$

wobei wir $\sin\phi = b/\sqrt{a^2+b^2}$ verwendet haben.

AUFGABEN

1. Man betrachte noch einmal Aufgabe 4, Abschnitt 5.1. Für welche n ist der Cauchysche Integralsatz anwendbar? (Begründung!)

2. Man berechne

$$\int_{\Gamma} \frac{\text{Log } z}{z} dz$$

längs des Halbkreises Γ (s. Fig. 5.2i)
 (a) durch Parametrisierung von Γ,
 (b) mit dem Hauptsatz der komplexen Integralrechnung.

3. Man berechne den Wert des Integrals

$$\int_{-i}^{i} z \operatorname{Log} z \, dz$$

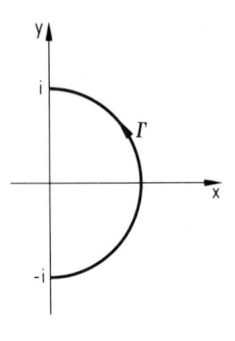

Fig. 5.2i

(a) mittels des Hauptsatzes der komplexen Integralrechnung (Stammfunktion des Integranden:

$$z \to \frac{z^2}{2} \operatorname{Log} z - \frac{z^2}{4}),$$

(b) durch Integration längs des Halbkreises Γ (s. Fig. 5.2i),
(c) durch Integration längs der geradlinigen Verbindungsstrecke (Tip: Nicht zu früh integrieren!)
4. Sei $X > 0$, $a > 0$ und

$$f : z \to e^{-z^2}.$$

Man drücke das Integral der Funktion f längs jeder der vier Seiten des Rechtecks mit den Eckpunkten $X, X+ia$, $-X+ia, -X$ durch reelle Integrale aus (s. Fig. 5.2j). Durch den Grenzübergang $X \to \infty$ und unter Zuhilfenahme des Cauchyschen Integralsatzes bestimme man sodann den Wert des uneigentlichen Integrals

$$\int_{-\infty}^{\infty} e^{-t^2} \cos 2at \, dt.$$

Fig. 5.2j

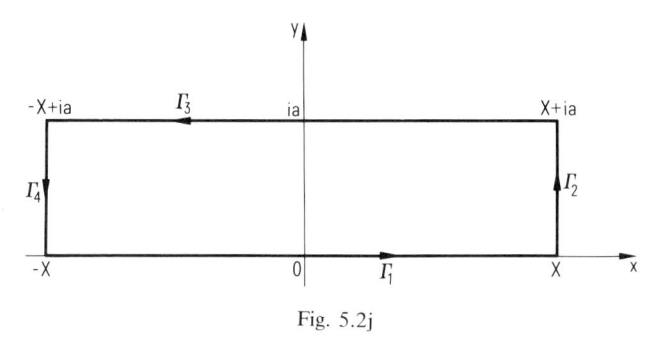

5. Es sei
$$\alpha := \int_0^\infty e^{-t^3}\,dt$$
bekannt. Wie lassen sich die Werte der Integrale
$$C := \int_0^\infty \cos t^3\,dt, \qquad S := \int_0^\infty \sin t^3\,dt$$
durch α ausdrücken?

5.3. *Die Cauchysche Integralformel*

Wie weit hat der Cauchysche Integralsatz in einem Gebiet G, das «Löcher» hat, Gültigkeit? Wie das Beispiel
$$\int_\Gamma \frac{1}{z}\,dz = 2\pi i,$$
Γ positiv orientierter Einheitskreis, zeigt, ist die Aussage des Cauchyschen Integralsatzes i.allg. nicht richtig, wenn der Integrationsweg Γ um ein Loch von G herumläuft. Hingegen bleibt natürlich die Aussage des Cauchyschen Integralsatzes richtig, wenn das Innere von Γ zu G gehört, da ja dann Γ in

einem einfach zusammenhängenden Teilgebiet von G liegt. Aus letzterem kann nun eine wichtige Folgerung gezogen werden. Wir betrachten hier speziell *zweifach zusammenhängende* Gebiete, d.h. Gebiete mit einem einzigen Loch.

Es sei G ein zweifach zusammenhängendes Gebiet; G_i bezeichne das Loch von G (s. Fig. 5.3a). Γ_1 und Γ_2 seien zwei geschlossene Kurven, die beide das Loch G_i einmal im positiven Sinn umlaufen.

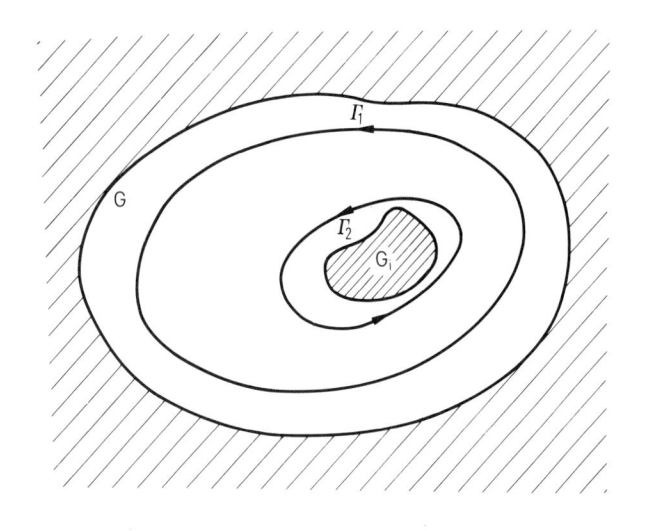

Fig. 5.3a

Wie in Fig. 5.3b gezeigt, verbinden wir Γ_1 und Γ_2 innerhalb G durch zwei Kurvenstücke und bilden damit die beiden geschlossenen Kurven Γ' und Γ''.

Sei jetzt f eine analytische Funktion in G. Bezüglich der beiden Kurven Γ', Γ'' kann der Cauchysche Integralsatz

5.3. Die Cauchysche Integralformel

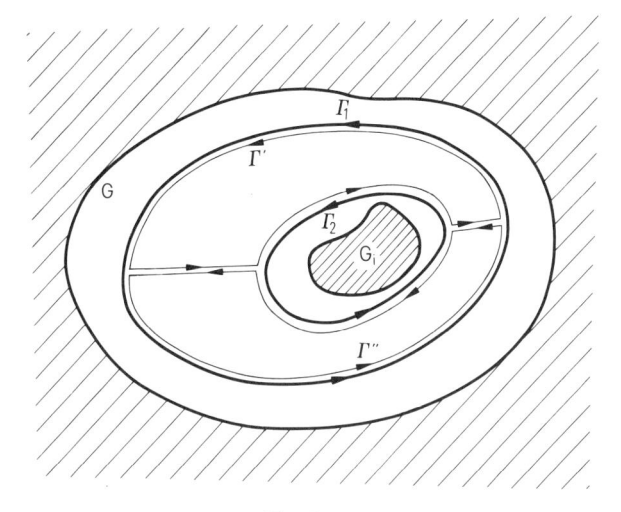

Fig. 5.3b

angewandt werden, d.h., es gilt

$$\int_{\Gamma'} f(z)\,dz = 0, \qquad \int_{\Gamma''} f(z)\,dz = 0.$$

Wenn wir nun andererseits die beiden Integrale längs Γ' bzw. Γ'' addieren, heben sich die von den Verbindungskurven stammenden Beiträge auf, da diese Kurven in beiden Richtungen je einmal durchlaufen werden. Zurück bleibt die Summe der Integrale längs Γ_1 und $-\Gamma_2$ (s. Fig. 5.3b). Wir erhalten somit

$$\int_{\Gamma'} f + \int_{\Gamma''} f = \int_{\Gamma_1} f + \int_{-\Gamma_2} f = \int_{\Gamma_1} f - \int_{\Gamma_2} f = 0$$

und daraus

$$\int_{\Gamma_1} f(z)\,dz = \int_{\Gamma_2} f(z)\,dz.$$

Wir haben also folgendes festgestellt:

SATZ 5.3a (*Verallgemeinerung des Cauchyschen Integralsatzes*). *Die Funktion f sei analytisch in einem zweifach zusammenhängenden Gebiet G mit dem Loch G_i. Dann besitzt das Integral*

$$\int_\Gamma f(z)\,dz$$

längs jeder geschlossenen Kurve Γ in G, die das Loch G_i einmal im positiven Sinn umläuft, denselben Wert.

Bemerkung. Satz 5.3a stellt im folgenden Sinn eine Erweiterung des Cauchyschen Integralsatzes auf zweifach zusammenhängende Gebiete dar: Wenn f auch noch auf dem Rand von G definiert ist und wenn wir den Rand von G so orientieren, dass G stets auf der linken Seite liegt, so besagt Satz 5.3a, dass das Integral von f längs des gesamten Randes von G Null ist. Dies ist aber exakt die Aussage des «einfachen» Cauchyschen Integralsatzes (Satz 5.2a) in bezug auf einfach zusammenhängende Gebiete.

BEISPIEL. Die Formel

$$\int_\Gamma \frac{1}{z}\,dz = 2\pi i$$

gilt für jede geschlossene, den Nullpunkt einmal im positiven Sinn umlaufende Kurve Γ.

Aus Satz 5.3a ergibt sich nun eine fundamentale Eigenschaft der analytischen Funktion. Es sei jetzt G wieder ein *einfach* zusammenhängendes Gebiet, Γ eine einfach geschlossene, positiv orientierte Kurve in G und a ein im

5.3. Die Cauchysche Integralformel

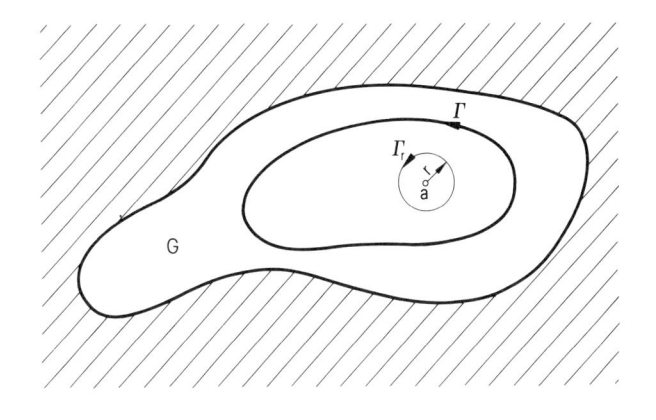

Fig. 5.3c

Inneren von Γ gelegener Punkt (s. Fig. 5.3c). f sei eine analytische Funktion in G. Wir betrachten die Funktion

$$g: z \to \frac{f(z)}{z-a}.$$

g ist analytisch in dem *zweifach* zusammenhängenden Gebiet G', das durch Entfernen des Punktes a aus dem Gebiet G entsteht: $G' := G - \{a\}$.

Weiter bezeichne Γ_r den Kreis vom Radius r um a, orientiert im positiven Sinn (s. Fig. 5.3c). Laut Satz 5.3a gilt nun für jedes $r > 0$, sofern nur Γ_r in G enthalten ist,

$$\int_\Gamma g(z)\,dz = \int_{\Gamma_r} g(z)\,dz,$$

d.h.

$$\int_\Gamma \frac{f(z)}{z-a}\,dz = \int_{\Gamma_r} \frac{f(z)}{z-a}\,dz. \tag{1}$$

Indem wir im rechtsstehenden Integral den Integrationsweg Γ_r parametrisieren,

$$\Gamma_r: t \to z(t) := a + re^{it}, \qquad 0 \le t \le 2\pi,$$

mit

$$dz = ire^{it}\,dt,$$

bekommt das Integral die Gestalt

$$\int_{\Gamma_r} \frac{f(z)}{z-a}\,dz = i\int_0^{2\pi} \frac{f(a+re^{it})}{re^{it}} re^{it}\,dt = i\int_0^{2\pi} f(a+re^{it})\,dt,$$

und (1) lautet jetzt

$$\int_\Gamma \frac{f(z)}{z-a}\,dz = i\int_0^{2\pi} f(a+re^{it})\,dt.$$

Wir lassen nun r gegen Null gehen (die Beziehung (1) gilt ja für beliebiges, genügend kleines $r > 0$). Der Integrand rechts strebt dann gegen die Konstante $f(a)$, und wir erhalten

$$\int_\Gamma \frac{f(z)}{z-a}\,dz = 2\pi i f(a)$$

oder also

$$f(a) = \frac{1}{2\pi i} \int_\Gamma \frac{f(z)}{z-a}\,dz.$$

Es gilt somit:

SATZ 5.3b (*Cauchysche Integralformel*). *Die Funktion f sei analytisch in einem einfach zusammenhängenden Gebiet G, Γ sei eine einfach geschlossene, positiv orientierte Kurve in G. Dann gilt für jeden Punkt a im Innern von Γ*

$$f(a) = \frac{1}{2\pi i} \int_\Gamma \frac{f(z)}{z-a}\,dz.$$

In den nächsten Abschnitten werden wir eine Reihe von Anwendungen der Cauchyschen Integralformel bringen. An dieser Stelle sei nur folgendes bemerkt: Die Cauchysche Integralformel besagt insbesondere, dass die Werte einer analytischen Funktion f im Innern einer einfach geschlossenen Kurve Γ vollständig durch die Werte von f auf Γ bestimmt sind. Wenn wir also die Werte von f im Innern von Γ abändern, wobei wir die Werte von f auf Γ selbst festlassen, so wird dadurch die Analytizität von f zerstört. Dies ist nun ein völlig neuartiges Verhalten einer Funktion, ein ähnliches Verhalten kennen wir von den reellen Funktionen her nicht. Z.B. können die Werte einer differenzierbaren reellen Funktion $f(x)$ im Innern ihres Definitionsintervalls unter Festhaltung der Werte in den Endpunkten ohne weiteres so abgeändert werden, dass dabei die Differenzierbarkeit nicht verloren geht (s. Fig. 5.3d).

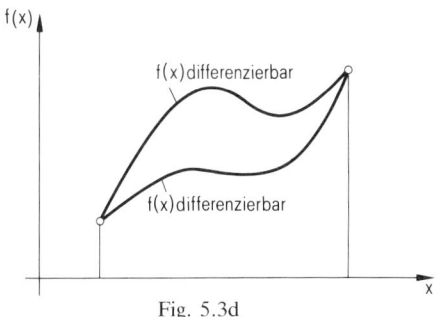

Fig. 5.3d

AUFGABEN

1. Sei Γ eine Windung der logarithmischen Spirale:

$$\Gamma : t \to z(t) := e^{(1+i)t}, \qquad 0 \le t \le 2\pi.$$

Man berechne den Wert des Integrals

$$\int_\Gamma \frac{1}{z}\,dz,$$

indem man Anfangs- und Endpunkt von Γ geradlinig verbindet und die Cauchysche Integralformel anwendet. (Vgl. Aufgabe 1, Abschnitt 5.1.)

2. Es bedeute Γ die positiv durchlaufene Ellipse mit den Brennpunkten ± 1 durch den Punkt $2+i$. Welchen Wert hat das Integral

$$\int_\Gamma \frac{1}{z-1}\,dz\,?$$

3. Sei Γ die positiv durchlaufene Rechteckskurve mit den Eckpunkten $\pm 2 \pm i$. Welchen Wert hat das Integral

$$\int_\Gamma \frac{1}{z^2-1}\,dz\,?$$

4. Es sei Γ_R der im positiven Sinn durchlaufene Kreis vom Radius R um 0, und es sei

$$I_R := \int_{\Gamma_R} \frac{1}{1+z^2}\,dz.$$

Durch Abschätzen des Integranden zeige man:

$$\lim_{R\to\infty} I_R = 0.$$

Welchen Wert hat folglich I_2?

5. Man bestimme

$$\int_{|z-2i|=2} \frac{1}{1+z^2}\,dz$$

(a) unter Benutzung von $z^2+1=(z-i)(z+i)$ als Spezialfall der Cauchyschen Integralformel,

(b) durch Partialbruchzerlegung des Integranden.

6. Man bestimme ohne Rechnung

$$\int_{|z|=1} \frac{e^z}{z}\,dz.$$

5.3. Die Cauchysche Integralformel

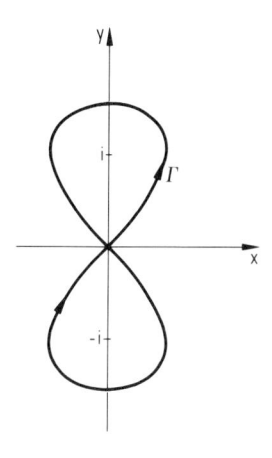

Fig. 5.3e

7. Welchen Wert haben die Integrale

$$\text{(a)} \int_\Gamma \frac{1}{1+z^2}\,dz, \quad \text{(b)} \int_\Gamma \frac{2z}{1+z^2}\,dz$$

längs der in Fig. 5.3e gezeichneten Achterschlaufe Γ?

8. Sei

$$f: z \to \frac{1}{z+1} + \frac{2}{z} + \frac{1}{z-1}.$$

Man berechne

$$\int_\Gamma f(z)\,dz$$

längs der in Fig. 5.3f gezeichneten Kurve Γ.

9. Sei Γ eine einfach geschlossene, positiv orientierte Kurve, und sei f in einem einfach zusammenhängenden, Γ

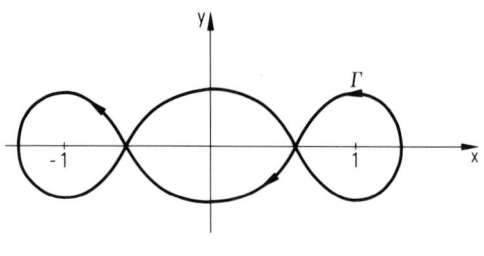

Fig. 5.3f

enthaltenden Gebiet analytisch. Die Cauchysche Integralformel besagt, dass das Integral

$$\frac{1}{2\pi i}\int_\Gamma \frac{f(z)}{z-a}\,dz$$

für jeden im Innern von Γ liegenden Punkt a den Wert $f(a)$ hat. Welches ist der Wert des Integrals, wenn a im Äusseren von Γ liegt?

5.4. Anwendungen der Cauchyschen Integralformel

Mittelwerteigenschaft

Die Funktion f sei analytisch in einem einfach zusammenhängenden Gebiet G, a sei ein Punkt in G und Γ ein in G enthaltener, positiv orientierter Kreis um a vom Radius r (s. Fig. 5.4a).

Nach der Cauchyschen Integralformel gilt

$$f(a)=\frac{1}{2\pi i}\int_\Gamma \frac{f(z)}{z-a}\,dz.$$

Wir parametrisieren Γ,

$$\Gamma: t \longrightarrow z(t):=a+re^{it}, \qquad 0\leq t\leq 2\pi,$$

5.4. Anwendungen der Cauchyschen Integralformel

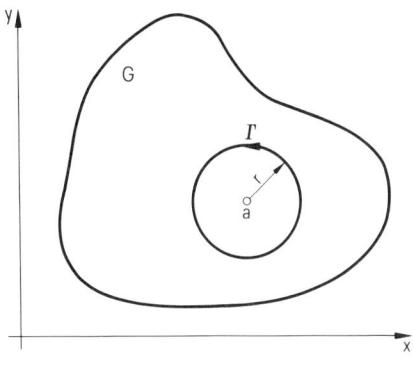

Fig. 5.4a

mit

$$dz = ire^{it}\, dt,$$

und erhalten so

$$f(a) = \frac{1}{2\pi} \int_0^{2\pi} f(a + re^{it})\, dt. \tag{1}$$

Der Ausdruck auf der rechten Seite in (1) hat die Bedeutung eines *Mittelwerts* der Funktionswerte von f auf Γ. Eine analytische Funktion besitzt somit folgende Eigenschaft:

SATZ 5.4a (*Mittelwerteigenschaft*). *Der Wert einer analytischen Funktion f im Mittelpunkt einer in ihrem Definitionsbereich enthaltenen Kreisscheibe ist gleich dem Mittelwert der Werte von f auf dem Kreisrand.*

Das Maximumprinzip

Die Mittelwerteigenschaft der analytischen Funktion zieht den folgenden, auf den ersten Blick paradox scheinenden Satz nach sich.

SATZ 5.4b (Maximumprinzip). *Die Funktion f sei im Gebiet G analytisch. Existiert ein Punkt* $z_0 \in G$ *derart, dass*

$$|f(z)| \leq |f(z_0)| \quad \text{für alle} \quad z \in G,$$

so ist f konstant.

Beweis. Wir nehmen an, es gebe einem solchen Punkt $z_0 \in G$, d.h., es sei, wenn wir

$$M := |f(z_0)|$$

setzen,

$$|f(z)| \leq M \quad \text{für alle} \quad z \in G. \tag{2}$$

Wir wählen einen beliebigen in G enthaltenen Kreis um z_0 vom Radius $r > 0$, dessen Inneres ebenfalls ganz zu G gehört. (Da G offen ist, existieren solche Kreise.) Gemäss der Mittelwerteigenschaft (1) gilt

$$f(z_0) = \frac{1}{2\pi} \int_0^{2\pi} f(z_0 + re^{it}) \, dt,$$

also insbesondere

$$M = |f(z_0)| = \frac{1}{2\pi} \left| \int_0^{2\pi} f(z_0 + re^{it}) \, dt \right|.$$

Wir schätzen nun das Integral rechts gemäss (5), Abschnitt 5.1, ab. Unter Berücksichtigung von (2) erhalten wir die Beziehung

$$M \leq \frac{1}{2\pi} \int_0^{2\pi} |f(z_0 + re^{it})| \, dt \leq \frac{1}{2\pi} \int_0^{2\pi} M \, dt = M.$$

Da hier links und rechts aussen die gleich Konstante M steht, muss, damit kein Widerspruch entsteht, überall das Gleichheitszeichen gelten. Dies ist aber offenbar nur dann der Fall,

5.4. Anwendungen der Cauchyschen Integralformel

wenn

$$|f(z_0 + re^{it})| = M \quad \text{für} \quad 0 \le t \le 2\pi,$$

was bedeutet, dass f auf dem Kreis vom Radius r um z_0 den konstanten Betrag M besitzt. Weil das nun für jeden Kreis um z_0 (der mitsamt seinem Inneren ganz in G liegt) gilt, folgt hieraus, dass der Betrag von f in jeder in G enthaltenen Kreisscheibe mit dem Mittelpunkt z_0 konstant gleich M ist. Danach kann jetzt ein beliebiger Punkt z_1 in einer solchen Kreisscheibe die Rolle von z_0 übernehmen – f besitzt also auch in jeder Kreisscheibe mit dem Mittelpunkt z_1 den konstanten Betrag M (s. Fig. 5.4b). Auf diese Weise fortfahrend können wir das ganze Gebiet G mit Kreisscheiben überdecken, in denen f den konstanten Betrag M hat. Es gilt somit

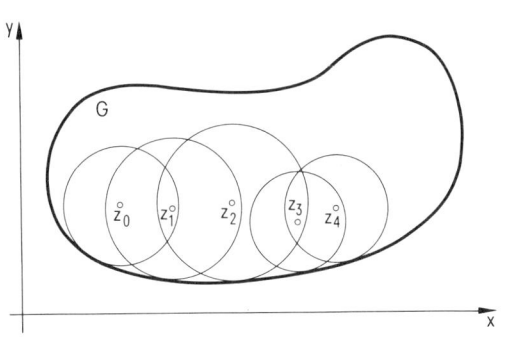

$$|f(z)| = M \quad \text{für alle} \quad z \in G.$$

Fig. 5.4b

Mit Hilfe der Cauchy–Riemannschen Differentialgleichungen kann nun leicht gezeigt werden, dass eine

5. Komplexe Integration

analytische Funktion mit konstantem Betrag selbst konstant ist (Übungsaufgabe!). Damit ist das Maximumprinzip bewiesen.

Welches ist die geometrische Bedeutung des Maximumprinzips? Wir betrachten die «Betragsfunktion» von f

$$F:(x, y) \to F(x, y) := |f(x+iy)| = |f(z)|, \quad z = x+iy \in G.$$

F ist eine reelle Funktion in zwei Variablen. Veranschaulicht man F auf die übliche Weise im dreidimensionalen euklidischen Raum, so stellt F eine Fläche dar, die *Betragsfläche* von f (s. Fig. 5.4c). Das Maximumprinzip besagt nun, dass die Betragsfläche von f keine Gipfel endlicher Höhe haben kann, sondern nur Gipfel unendlicher Höhe. Da sich die Betragsfläche der Funktion $1/f$ ebenso verhält ($1/f$ ist als Reziproke einer analytischen Funktion ebenfalls analytisch), kann zudem die Betragsfläche von f nur Talkessel besitzen, deren tiefster Punkt auf der (x, y)-Ebene liegt.

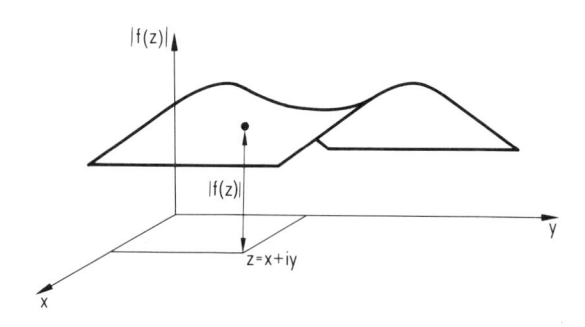

Fig. 5.4c

Wir ziehen noch eine einfache Folgerung aus dem Maximumprinzip. G sei ein **beschränktes** Gebiet, d.h., G ist in einem Kreis von endlichem Radius enthalten. Mit $\bar{G}$ bezeichnen wir die aus G und dem Rand von G bestehende Punktmenge. Ist nun die Funktion f auch noch auf dem Rand von G definiert und auf $\bar{G}$ stetig, so besitzt die Betragsfunktion $F: z \to |f(z)|$, wie man aus der reellen Analysis weiss, in $\bar{G}$ ein Maximum. Wegen des Maximumprinzips kann nun das Maximum nicht in G angenommen werden (es sei denn, f sei konstant). Wir haben also folgendes

KOROLLAR zu Satz 5.4b. *Es sei G ein beschränktes Gebiet. Die Funktion f sei analytisch in G, stetig auf $\bar{G}$ und nicht konstant. Dann nimmt die Funktion $z \to |f(z)|$, $z \in G$, ihren maximalen Wert nur auf dem Rand von G an.*

Fundamentalsatz der Algebra

Als Anwendung des Maximumprinzips beweisen wir den

SATZ 5.4 c (*Fundamentalsatz der Algebra*). *Jedes Polynom vom Grade $n \geq 1$ besitzt mindestens eine Nullstelle in der komplexen Ebene.*

Wir führen den *Beweis* indirekt. Sei

$$p: z \to p(z) := a_n z^n + a_{n-1} z^{n-1} + \cdots + a_1 z + a_0, \quad z \in \mathbb{C},$$

ein beliebiges Polynom vom Grade $n \geq 1$ mit komplexen Koeffizienten $a_0, a_1, \ldots, a_n$, $a_n \neq 0$. Wir nehmen nun an, es sei $p(z) \neq 0$ für alle $z \in \mathbb{C}$. Die Funktion

$$f: z \to f(z) := \frac{1}{p(z)}$$

ist dann in der ganzen komplexen Ebene definiert und als Reziproke einer analytischen Funktion analytisch. Für den

Betrag von f gilt

$$\lim_{z\to\infty} |f(z)| = \lim_{z\to\infty} \frac{1}{|a_n z^n + a_{n-1} z^{n-1} + \cdots + a_1 z + a_0|}$$

$$= \lim_{z\to\infty} \frac{1}{|a_n z^n| \left|1 + \dfrac{a_{n-1}}{a_n z} + \cdots + \dfrac{a_1}{a_n z^{n-1}} + \dfrac{a_0}{a_n z^n}\right|}$$

$$= \lim_{z\to\infty} \frac{1}{|a_n z^n|} \lim_{z\to\infty} \frac{1}{\left|1 + \dfrac{a_{n-1}}{a_n z} + \cdots + \dfrac{a_1}{a_n z^{n-1}} + \dfrac{a_0}{a_n z^n}\right|}$$

$$= 0 \cdot 1$$

$$= 0.$$

Wie wir sehen, senkt sich die Betragsfläche von f für $z \to \infty$ auf die (x, y)-Ebene hinab. Demnach muss $|f(z)|$ in einem endlichen Punkt z_0 ein endliches Maximum haben. Dies widerspricht nun aber dem Maximumprinzip. Also ist unsere Annahme, $p(z) \neq 0$ für alle $z \in \mathbb{C}$, falsch – $p(z)$ besitzt eine Nullstelle in $\mathbb{C}$.

Bemerkung. Obiger Beweis des Fundamentalsatzes der Algebra ist insofern unbefriedigend, als er kein Verfahren zur Berechnung der Nullstellen von $p(z)$ liefert.

Integraldarstellung höherer Ableitungen

Es sei wieder f analytisch im Gebiet G, Γ eine einfach geschlossene, positiv orientierte Kurve in G, wobei das Innere von Γ ebenfalls ganz zu G gehöre, und a ein im Innern von Γ liegender Punkt. Gemäss der Cauchyschen Integralformel haben wir

$$f(a) = \frac{1}{2\pi i} \int_\Gamma \frac{f(z)}{z-a} \, dz.$$

5.4. Anwendungen der Cauchyschen Integralformel

Um nun hervorzuheben, dass diese Beziehung für jeden Punkt a innerhalb Γ gilt, ersetzen wir a durch z und bezeichnen die Integrationsvariable mit ζ:

$$f(z) = \frac{1}{2\pi i} \int_\Gamma \frac{f(\zeta)}{\zeta - z} \, d\zeta. \tag{3}$$

Das Integral rechts kann gedeutet werden als Integral einer Funktion in ζ, die vom Parameter z abhängt. Für festes ζ stellt der Integrand eine analytische Funktion in z dar (da z im Innern von Γ liegt, ist $z \neq \zeta$). Die Näherungssummen des Integrals sind somit Summen von analytischen Funktion in z und als solche ebenfalls analytisch in z. Es kann deshalb nicht verwundern, dass nach Ausführung der Integration eine analytische Funktion in z herauskommt. Weiter wird man erwarten, dass analog wie im Reellen das Integral in (3) nach z differenziert werden kann, indem man den Integranden nach dem Parameter z differenziert. Mit

$$\frac{d}{dz} \frac{1}{\zeta - z} = \frac{1}{(\zeta - z)^2},$$

ergibt sich auf diese Weise für die Ableitung von f die Formel

$$f'(z) = \frac{1}{2\pi i} \int_\Gamma \frac{f(\zeta)}{(\zeta - z)^2} \, d\zeta. \tag{4}$$

Wie oben können wir jetzt wieder schliessen, dass man nach Ausführung der Integration in (4) eine analytische Funktion in z erhält, d.h., dass f' analytisch ist. Erneute Differentiation nach z liefert wegen

$$\frac{d}{dz} \frac{1}{(\zeta - z)^2} = \frac{2}{(\zeta - z)^3}$$

für die zweite Ableitung von f die Formel

$$f''(z) := \frac{d^2}{dz^2} f(z) = \frac{d}{dz} f'(z) = \frac{2}{2\pi i} \int_\Gamma \frac{f(\zeta)}{(\zeta-z)^3} d\zeta.$$

Da offenbar obige Schritte wiederholt durchgeführt werden können, ist zu vermuten, dass sämtliche Ableitungen von f existieren und analytisch sind und dass mit

$$\frac{d^n}{dz^n} \frac{1}{\zeta-z} = \frac{n!}{(\zeta-z)^{n+1}}, \qquad n = 1, 2, 3, \ldots,$$

für die n-te Ableitung von f die Formel

$$f^{(n)}(z) := \frac{d^n}{dz^n} f(z) = \frac{n!}{2\pi i} \int_\Gamma \frac{f(\zeta)}{(\zeta-z)^{n+1}} d\zeta$$

besteht. Diese Vermutung ist nun in der Tat richtig, d.h., wir haben den folgenden

SATZ 5.4d (Cauchysche Integralformel für die Ableitungen). *Die Funktion f sei im Gebiet G analytisch. Dann existieren alle Ableitungen von f in G und sind analytisch. Überdies gilt: Ist Γ eine einfach geschlossene, positiv orientierte Kurve, die mitsamt ihrem Inneren zu G gehört, so ist*

$$f^{(n)}(z) = \frac{n!}{2\pi i} \int_\Gamma \frac{f(\zeta)}{(\zeta-z)^{n+1}} d\zeta \tag{5}$$

für jeden innerhalb Γ liegenden Punkt z und $n = 1, 2, 3, \ldots$

Bemerkung. Verabreden wir wie üblich $f^{(0)} := f$ und $0! := 1$, so stellt (5) im Fall $n = 0$ die ursprüngliche Cauchysche Integralformel für f dar.

Die erste Aussage in Satz 5.4d besagt, dass eine im

Gebiet G analytische, d.h. komplex-differenzierbare Funktion in G beliebig oft komplex-differenzierbar ist. Dies ist nun eine weitere bemerkenswerte Eigenschaft der analytischen Funktion, in der sie sich wesentlich vom Verhalten einer reellen Funktion unterscheidet. Bei einer in einem Intervall I differenzierbaren reellen Funktion $f(x)$ braucht bekanntlich die Ableitung $f'(x)$ in I nicht differenzierbar zu sein.
Beispiel: Die Funktion

$$f: x \to f(x) := \begin{cases} x^2, & x \geq 0 \\ 0, & x < 0 \end{cases}$$

besitzt die Ableitung

$$f': x \to f'(x) = \begin{cases} 2x, & x \geq 0 \\ 0, & x < 0 \end{cases}$$

f' ist im Nullpunkt nicht mehr differenzierbar (s. Fig. 5.4d).

AUFGABEN

1. Man skizziere grob die Betragsfläche der Funktion

$$f: z \to \frac{1}{1+z^2}.$$

2. Mit Hilfe des Maximumprinzips beweise man das folgende «Minimumprinzip»: Sei f in einem Gebiet G analytisch. Gibt es einen Punkt $z_0 \in G$ derart, dass

$$0 < |f(z_0)| \leq |f(z)| \quad \text{für alle} \quad z \in G,$$

so ist f konstant. – Gilt dieses Prinzip auch, wenn $f(z_0) = 0$ ist?

3. Sei Γ der positiv durchlaufene Kreis mit Mittelpunkt 1 und Radius $\pi/2$. Welchen Wert hat das Integral

$$\int_\Gamma \frac{\sin^2 z}{z^3} \, dz \,?$$

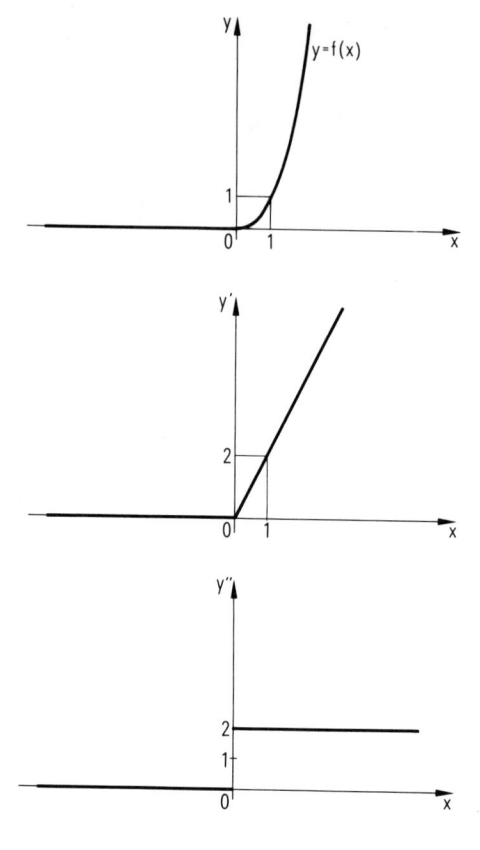

Fig. 5.4d

4. Es sei Γ der positiv orientierte Einheitskreis. Welchen Wert hat das Integral

$$\frac{1}{2\pi i} \int_\Gamma \frac{\sin z}{z^{66}} \, dz \, ?$$

5.5. Die Taylor-Reihe

Wir kommen zu einer weiteren wichtigen Eigenschaft der analytischen Funktion, die wiederum auf der Cauchyschen Integralformel beruht.

Wir betrachten zunächst die unendliche geometrische Reihe

$$\sum_{n=0}^{\infty} q^n = 1 + q + q^2 + \cdots$$

mit einem beliebigen komplexen Quotienten q. Anhand der Summenformel für die endliche Reihe

$$\sum_{n=0}^{N} q^n = \frac{1 - q^{N+1}}{1 - q}, \qquad q \neq 1,$$

ist unmittelbar ersichtlich, dass die unendliche geometrische Reihe für $|q| < 1$ konvergiert; es ist

$$\sum_{n=0}^{\infty} q^n = \lim_{N \to \infty} \sum_{n=0}^{N} q^n = \lim_{N \to \infty} \frac{1 - q^{N+1}}{1 - q} = \frac{1}{1 - q}.$$

Für $|q| \geq 1$ ist die unendliche geometrische Reihe divergent.

Sei jetzt f eine analytische Funktion im Gebiet G, Γ eine einfach geschlossene, positiv orientierte Kurve, die mitsamt ihrem Innern in G enthalten ist. Nach der Cauchyschen Integralformel gilt innerhalb Γ

$$f(z) = \frac{1}{2\pi i} \int_{\Gamma} \frac{f(\zeta)}{\zeta - z} \, d\zeta. \tag{1}$$

Weiter sei a ein beliebiger, fester Punkt im Innern von Γ; r bezeichne den kürzesten Abstand von a zu den Punkten $\zeta \in \Gamma$ (s. Fig. 5.5a). Die nachfolgenden Betrachtungen beschränken sich auf die Punkte z, die im Innern des Kreises vom Radius r

5. Komplexe Integration

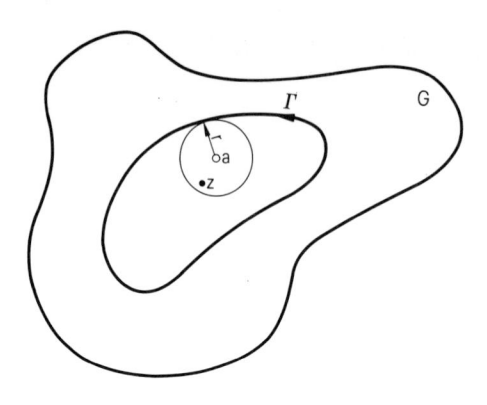

Fig. 5.5a

um a liegen, d.h., es sei

$$|z-a|<r. \tag{2}$$

Wir nehmen nun im Integranden in (1) eine Umformung vor. Zunächst schreiben wir

$$\frac{1}{\zeta-z}=\frac{1}{\zeta-a+a-z}=\frac{1}{\zeta-a}\frac{1}{1-\dfrac{z-a}{\zeta-a}} \tag{3}$$

und setzen

$$q:=\frac{z-a}{\zeta-a}.$$

Da

$$|\zeta-a|\geq r \quad \text{für alle} \quad \zeta\in\Gamma,$$

gilt mit (2)

$$|q|=\left|\frac{z-a}{\zeta-a}\right|<1 \quad \text{für alle} \quad \zeta\in\Gamma,$$

5.5. Die Taylor-Reihe

so dass der zweite Faktor rechts in (3) in eine geometrische Reihe entwickelt werden kann:

$$\frac{1}{1-\dfrac{z-a}{\zeta-a}} = \frac{1}{1-q} = \sum_{n=0}^{\infty} q^n = \sum_{n=0}^{\infty} \left(\frac{z-a}{\zeta-a}\right)^n.$$

Damit lautet (1) jetzt

$$f(z) = \frac{1}{2\pi i} \int_\Gamma \frac{f(\zeta)}{\zeta-a} \sum_{n=0}^{\infty} \left(\frac{z-a}{\zeta-a}\right)^n d\zeta.$$

Indem wir hier nun Integration und Summation vertauschen, erhalten wir weiter

$$f(z) = \sum_{n=0}^{\infty} (z-a)^n \frac{1}{2\pi i} \int_\Gamma \frac{f(\zeta)}{(\zeta-a)^{n+1}} d\zeta.$$

Nach Satz 5.4d ist aber

$$\frac{1}{2\pi i} \int_\Gamma \frac{f(\zeta)}{(\zeta-a)^{n+1}} d\zeta = \frac{f^{(n)}(a)}{n!}, \qquad n = 0, 1, 2, \ldots$$

Wir haben also die Beziehung

$$f(z) = \sum_{n=0}^{\infty} \frac{f^{(n)}(a)}{n!} (z-a)^n \tag{4a}$$

oder, wenn wir die Reihe ausschreiben,

$$f(z) = f(a) + \frac{f'(a)}{1!}(z-a) + \frac{f''(a)}{2!}(z-a)^2 + \cdots \tag{4b}$$

Dies ist die uns von der reellen Analysis her wohlbekannte Entwicklung von f in die **Taylor-Reihe** im Punkt a.

Beziehung (4) bedeutet, dass die Taylor-Reihe konvergiert und die Funktion f darstellt. Gemäss Herleitung gilt (4) innerhalb des Kreises vom Radius r um a, wobei r der Abstand von a zur Kurve Γ ist. Wie man sieht, hängt die

Gestalt der Taylor-Reihe nur von f und a ab, nicht aber von Γ. Daher kann nun der wahre Konvergenzbereich der Taylor-Reihe auch nur von f und a abhängig sein. Welches ist also der wahre Konvergenzbereich der Taylor-Reihe? Bei der Herleitung von (4) kann als Integrationsweg Γ insbesondere ein beliebiger Kreis um a gewählt werden, der mitsamt seinem Inneren zu G gehört. Nach dem eben Gesagten konvergiert demnach die Taylor-Reihe innerhalb jedes solchen Kreises.

Wir können somit folgendes sagen:

SATZ 5.5a. *Die Funktion f sei analytisch im Gebiet G, a sei ein Punkt in G. Dann konvergiert die Taylor-Reihe von f im Punkt a,*

$$f(a)+\frac{f'(a)}{1!}(z-a)+\frac{f''(a)}{2!}(z-a)^2+\ldots,$$

gegen $f(z)$ für alle z innerhalb des grössten Kreises um a, dessen Inneres ganz in G enthalten ist.

Die Taylor-Reihe ist eindeutig; genauer: Es gilt der

SATZ 5.5b (*Eindeutigkeitssatz*). *Die Funktion f sei analytisch im Gebiet G, a sei ein Punkt in G. In einer Umgebung von a gelte*

$$f(z)=\sum_{n=0}^{\infty} c_n(z-a)^n, \tag{5}$$

c_n *komplexe Konstanten. Dann ist*

$$c_n=\frac{f^{(n)}(a)}{n!}, \qquad n=0,1,2,\ldots,$$

d.h., die Reihe (5) ist die Taylor-Reihe von f im Punkt a.

Beweis. Wenn wir in (5) $z = a$ setzen, folgt

$$f(a) = c_0.$$

Des weiteren erhalten wir durch Differentiation von (5) (die Potenzreihe darf gliedweise differenziert werden)

$$f'(z) = \sum_{n=1}^{\infty} n c_n (z-a)^{n-1}.$$

Indem wir hier wieder $z = a$ setzen, kommt

$$f'(a) = c_1$$

heraus. Nach erneuter Differentiation von (5) ergibt sich

$$f''(z) = \sum_{n=2}^{\infty} n(n-1) c_n (z-a)^{n-2},$$

und wiederum $z = a$ gesetzt liefert

$$f''(a) = 2! \, c_2.$$

Allgemein findet man nach n-maliger Differentiation von (5) für $z = a$

$$f^{(n)}(a) = n! \, c_n, \qquad n = 0, 1, 2, \ldots,$$

d.h., die Koeffizienten c_n stimmen in der Tat mit den Koeffizienten der Taylor–Reihe überein.

Ist der Entwicklungspunkt a reell, so sind uns die Taylor–Reihen der meisten elementaren Funktionen vom Reellen her bekannt. Satz 5.5a erlaubt uns nun, den Konvergenzbereich der Taylor–Reihe zu bestimmen, ohne dass die Reihe näher untersucht werden muss, indem man den Analytizitätsbereich der betreffenden Funktion betrachtet.

BEISPIELE

① Wie sieht die Taylor–Reihe der komplexen Exponentialfunktion $z \to e^z$ im Punkt $a = 0$ aus? Es ist

$$\frac{d^n}{dz^n} e^z = e^z, \qquad n = 0, 1, 2, \ldots,$$

also

$$\left.\frac{d^n}{dz^n} e^z\right|_{z=0} = 1, \qquad n = 0, 1, 2, \ldots$$

Somit ist die gesuchte Taylor–Reihe die bekannte Exponentialreihe:

$$e^z = 1 + \frac{z}{1!} + \frac{z^2}{2!} + \frac{z^3}{3!} + \cdots. \qquad (6)$$

Die komplexe Exponentialfunktion ist, wie wir wissen, in der ganzen komplexen Ebene $\mathbb{C}$ analytisch. Der grösste Kreis um 0, innerhalb dessen die Exponentialfunktion analytisch ist, hat also einen «unendlichen» Radius. Gemäss Satz 5.5a konvergiert daher die komplexe Exponentialreihe – und stellt e^z dar – für alle $z \in \mathbb{C}$. Mit andern Worten: (6) gilt für alle $z \in \mathbb{C}$.

② Gesucht ist die Taylor–Reihe der Funktion $f: z \to e^{-z^2}$ im Punkt $a = 0$. Da (6) für alle $z \in \mathbb{C}$ gilt, dürfen wir in (6) z durch $-z^2$ ersetzen; wir erhalten so die Beziehung

$$e^{-z^2} = 1 - \frac{z^2}{1!} + \frac{z^4}{2!} - \frac{z^6}{3!} + \ldots,$$

gültig für alle $z \in \mathbb{C}$. Die Reihe hat die Gestalt einer Taylor–Reihe mit dem Entwicklungspunkt 0 (Reihe in ganzen positiven Potenzen von z). Aus Satz 5.5b folgt, dass es sich hiebei tatsächlich um die gesuchte Taylor–Reihe handelt. Wieder erstreckt sich der Konvergenzbereich über die ganze komplexe Ebene $\mathbb{C}$.

③ Der komplexe Sinus $z \to \sin z$ soll im Punkt $a = 0$ in eine Taylor-Reihe entwickelt werden. Für reelle z, $z = x$, kennen wir die Taylor-Reihe:

$$\sin x = x - \frac{x^3}{3!} + \frac{x^5}{5!} - \frac{x^7}{7!} + \cdots \qquad (7)$$

Da nun der Wert der Ableitung einer analytischen Funktion in einem reellen Punkt unabhängig davon ist, ob wir diese als Funktion in einer reellen oder einer komplexen Variablen auffassen, hat (7) entsprechend die Taylor-Reihe des komplexen Sinus die Gestalt

$$\sin z = z - \frac{z^3}{3!} + \frac{z^5}{5!} - \frac{z^7}{7!} + \cdots$$

Der komplexe Sinus ist in der ganzen komplexen Ebene $\mathbb{C}$ analytisch. Demnach konvergiert die Taylor-Reihe für alle $z \in \mathbb{C}$.

④ Wir bestimmen die Taylor-Reihe der Funktion $f: z \to 1/(1 + z^2)$ im Punkt $a = 0$. Für $|z|^2 < 1$, d.h. $|z| < 1$, können wir $1/(1 + z^2)$ in eine geometrische Reihe entwickeln:

$$\frac{1}{1 + z^2} = 1 - z^2 + z^4 - z^6 + \cdots$$

Wie in Beispiel ② schliessen wir, dass die Reihe die Taylor-Reihe von f in 0 sein muss. Nach obigem konvergiert die Taylor-Reihe für $|z| < 1$, d.h. innerhalb des Einheitskreises.

Den Konvergenzbereich der Taylor-Reihe hätten wir unter Anwendung von Satz 5.5a auch auf folgende Weise finden können: Die Funktion $f: z \to 1/(1 + z^2)$ ist analytisch in der komplexen Ebene mit Ausnahme der beiden Punkte $z = \pm i$, wo der Nenner verschwindet. Also ist der grösste Kreis um 0, in dessen Innerem f analytisch ist, der Einheitskreis (s. Fig. 5.5b).

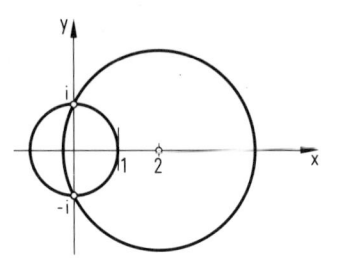

Fig. 5.5b

⑤ Es sei wieder $f: z \to 1/(1+z^2)$. Wir bestimmen jetzt den Konvergenzbereich der Taylor-Reihe von f im Punkt $a = 2$, ohne die Taylor-Reihe selbst aufzustellen. Der grösste Kreis um den Punkt $z = 2$, der keinen der beiden Punkte $z = \pm i$ umschliesst, hat den Radius $|2-i| = \sqrt{5}$ (s. Fig. 5.5b). Die Taylor-Reihe konvergiert nun innerhalb dieses Kreises, d.h. für $|z-2| < \sqrt{5}$.

Wir ziehen noch einige wichtige Folgerungen aus der Existenz der Taylor-Reihe und der Formel für deren Koeffizienten.

SATZ 5.5c. *Die Funktion f sei analytisch im Gebiet G. Die Kreisscheibe $|z-a| \leq r$, $r > 0$, sei in G enthalten, und es sei*

$$f(z) = c_0 + c_1(z-a) + c_2(z-a)^2 + \cdots$$

die Taylor-Reihe von f im Punkt a, also

$$c_n = \frac{f^{(n)}(a)}{n!}, \qquad n = 0, 1, 2, \ldots$$

Weiter sei

$$M(r) = \max_{|z-a|=r} |f(z)|.$$

Dann gilt

$$|c_n| \leq \frac{M(r)}{r^n}, \quad n = 0, 1, 2, \ldots \tag{8}$$

Beweis. Nach der Cauchyschen Integralformel für die Ableitungen (Satz 5.4d) haben wir

$$c_n = \frac{f^{(n)}(a)}{n!} = \frac{1}{2\pi i} \int_{|z-a|=r} \frac{f(z)}{(z-a)^{n+1}} \, dz.$$

Indem wir hier das Integral gemäss (4), Abschnitt 5.1, abschätzen, ergibt sich

$$|c_n| = \frac{1}{2\pi} \left| \int_{|z-a|=r} \frac{f(z)}{(z-a)^{n+1}} \, dz \right|$$

$$\leq \frac{1}{2\pi} \left(\max_{|z-a|=r} \frac{|f(z)|}{|z-a|^{n+1}} \right) 2\pi r$$

$$= \frac{M(r)}{r^n}, \quad n = 0, 1, 2, \ldots,$$

wie behauptet.

Formel (8) heisst **Cauchysche Koeffizientenabschätzungsformel.** Die Abschätzungsformel zeigt, dass die Werte der Ableitungen $f^{(n)}(a)$ einer analytischen Funktion in einem festen Punkt für $n \to \infty$ nicht beliebig schnell anwachsen können.

Als Folge der Cauchyschen Koeffizientenabschätzungsformel ergibt sich der

SATZ 5.5d (*Satz von Liouville*). *Ist eine komplexe Funktion in der ganzen komplexen Ebene analytisch und beschränkt, so ist sie konstant.*

Beweis. Die Funktion f sei in der ganzen komplexen

Ebene $\mathbb{C}$ analytisch und beschränkt. Dabei heisst f beschränkt, wenn für ein $M > 0$

$$|f(z)| \leq M \quad \text{für alle } z \in \mathbb{C}.$$

Sei nun a ein beliebiger Punkt in $\mathbb{C}$. Gemäss der Cauchyschen Abschätzungsformel für $n = 1$ gilt für beliebiges $r > 0$ (weil $M(r) \leq M$)

$$|f'(a)| \leq \frac{M}{r}.$$

Dies gilt insbesondere für beliebig grosses r, so dass folglich

$$f'(a) = 0$$

sein muss. Da nun $a \in \mathbb{C}$ beliebig war, verschwindet somit f' identisch. Also ist f konstant.

Wir geben zum Schluss als Anwendung des Satzes von Liouville noch einen andern Beweis des Fundamentalsatzes der Algebra (s. Satz 5.4c und dessen Beweis). Wir gehen wieder von der Annahme aus, das Polynom p vom Grad $n \geq 1$ habe in $\mathbb{C}$ keine Nullstellen. Die Funktion $f := 1/p$ ist dann in der ganzen komplexen Ebene $\mathbb{C}$ analytisch. Wegen

$$\lim_{z \to \infty} |f(z)| = 0$$

ist f beschränkt. Nach dem Satz von Liouville müsste demnach f und damit auch p konstant sein, was auf den Widerspruch führt.

AUFGABEN

1. Sei α eine komplexe Zahl. Für die Funktion

$$f : z \to (1 + z)^\alpha \quad \text{(Hauptwert)}$$

stelle man die Taylor–Reihe im Punkt $z = 0$ auf und bestimme ohne Rechnung ihren Konvergenzbereich.

2. Seien a, b, c komplexe Zahlen, $a \neq b$. Man stelle die Taylor–Reihe der Funktion

$$f : z \to \frac{c}{z-b}$$

an der Stelle $z = a$ auf. Welches ist ihr Konvergenzbereich?

3. Seien a und b komplexe Zahlen, $a \neq b$. Man ermittle die Taylor–Reihe der Funktion

$$f : z \to \frac{1}{(b-z)^2}$$

im Punkt $z = a$ und bestimme ohne Rechnung ihren Konvergenzbereich.

4. Welches ist der Wert der n-ten Ableitung ($n = 1, 2, 3, \ldots$) der Funktion

$$f : z \to \operatorname{Arctg} z$$

an der Stelle $z = 1$? Für welche Werte von n verschwindet diese Ableitung? (Hinweis: Man gehe aus von $f'(z) = (1+z^2)^{-1}$, zerlege in Partialbrüche und verwende Aufgabe 2.)

5. Man zeige: Die Ableitungen ungerader Ordnung der Funktion

$$f : x \to \frac{1}{1-x^2}$$

im Punkt $x = 2$ sind alle positiv. (Hinweis: Man zerlege in Partialbrüche und entwickle nach Potenzen von $h := x - 2$.)

6. Sei ϕ reell, $\cos \phi \neq \pm 1$. Man bestimme den n-ten Koeffizienten der Taylor–Reihe im Punkt $z = 0$ der Funktion

$$f : z \to \frac{1}{1 - 2z \cos \phi + z^2}$$

(a) durch Benutzung der Identität
$$1 - 2z \cos \phi + z^2 = (1 - z e^{i\phi})(1 - z e^{-i\phi}),$$
(b) durch Partialbruchzerlegung.

7. Sei ϕ eine beliebige reelle Zahl. Man bestimme den Konvergenzbereich der Taylor-Reihe der Funktion

$$f : z \to \frac{1}{\sqrt{1 - 2z \cos \phi + z^2}}$$

im Punkt $z = 0$ und bestimme ihre ersten vier Glieder. (Anleitung: Man benutze die Identität (a) von Aufgabe 6, entwickle jeden Faktor nach Aufgabe 1 und multipliziere die beiden Reihen aus.)

8. Ohne die Taylor-Reihen aufzustellen, bestimme man den Konvergenzbereich der Taylor-Reihen im Punkt $z = 0$ der Funktionen

(a) $f : z \to \dfrac{e^z - e^{-z}}{e^z + e^{-z}},$

(b) $f : z \to \dfrac{1}{e^z + 1}.$

9. Die Funktion

$$f : x \to \frac{e^x}{x(x^2 - 6x + 12)}$$

soll im Intervall $0 < x < a$ durch eine Taylor-Reihe dargestellt werden. Wie muss der Entwicklungspunkt x_0 der Taylor-Reihe gewählt werden, damit a möglichst gross wird? (Tip: Man zeichne die Singularitäten von f in der komplexen Ebene!)

9. Innerhalb welchen Kreises konvergiert die Taylor-Reihe in $z = 0$ der Funktion

$$f : z \to \frac{1}{\text{Log}\,(2 - z)}?$$

Diese Frage ist ohne Berechnung der Taylor-Koeffizienten zu beantworten.

10. Sei

$$f: z \to \mathrm{Log}\,(2 + z - z^2).$$

(a) Man bestimme den Konvergenzbereich der Taylor-Reihe von f in $z = 0$ ohne Berechnung der Taylor-Koeffizienten.

(b) Man berechne die Taylor-Koeffizienten und bestätige das unter (a) gefundene Resultat. (Tip: Man bestimme zuerst die Taylor-Reihe von f'.)

11. Wir betrachten verschiedene Methoden zur Bestimmung der Taylor-Koeffizienten

$$c_n := \frac{1}{n!} f^{(n)}(0) \qquad (9)$$

der Funktion

$$f: z \to \frac{1}{1 + z + z^2}$$

im Punkt $z = 0$.

(a) Man bestimme c_0, c_1, c_2 aus der Formel (9).

(b) Man gewinne eine Rekursionsformel für die c_n, indem man in der Identität

$$\frac{1}{1 + z + z^2} = \sum_{n=0}^{\infty} c_n z^n$$

den Nenner wegschafft und die Koeffizienten gleicher Potenzen von z vergleicht. Man benutze die Rekursionsformel zur Bestimmung von $c_0, c_1, \ldots, c_{10}$.

(c) Man entwickle f in eine geometrische Reihe mit dem Quotienten $q := -z - z^2$, berechne die Potenzen von q nach dem binomischen Lehrsatz und ordne nach Potenzen von z. Bestätigung der in (b) gefundenen Werte!

(d) Man gewinne eine explizite Formel für die c_n, indem man f in Partialbrüche zerlegt und jeden Partialbruch einzeln nach Potenzen von z entwickelt. Man beweise, dass die Folge $\{c_n\}$ periodisch ist und bestimme die Periode.

(e) Welche Identität zwischen Binomialkoeffizienten ergibt sich aufgrund der Antworten zu (c) und (d)? Man verifiziere das Resultat anhand von Tabellen der Binomialkoeffizienten oder mit einem Taschenrechner.

5.6. Die Laurent-Reihe

Wir haben im letzten Abschnitt gesehen, dass eine analytische Funktion in einer Kreisscheibe durch eine Taylor-Reihe dargestellt werden kann. Wenn nun der Definitionsbereich ein «Loch» hat, gibt es dann eine entsprechende Darstellung der Funktion, die rings um das Loch herum gilt?

Es sei a ein Punkt in der komplexen Ebene $\mathbb{C}$ und $0 \le r_1 < r_2 \le \infty$. Wir betrachten jetzt Funktionen, die in einem Kreisring

$$R : r_1 < |z - a| < r_2$$

analytisch sind. (Falls $r_1 = 0$, ist R eine Kreisscheibe, wo der Mittelpunkt fehlt; falls $r_2 = \infty$, ist R die komplexe Ebene mit einem kreisförmigen Loch.) Eine solche Funktion f kann nun i.allg. nicht nach ganzen positiven Potenzen von $z - a$ entwickelt werden; denn dies würde bedeuten, dass f in der vollen Kreisscheibe $|z - a| < r_2$ definiert und analytisch ist. Es gilt jetzt aber der

SATZ 5.6a. *Die Funktion f sei analytisch im Kreisring*

$R : r_1 < |z-a| < r_2$, und es sei

$$c_n := \frac{1}{2\pi i} \int_\Gamma \frac{f(z)}{(z-a)^{n+1}} \, dz, \qquad n = 0, \pm 1, \pm 2, \ldots, \qquad (1)$$

wobei Γ eine beliebige Kurve in R ist, die das Ringloch einmal im positiven Sinn umläuft (s. Fig. 5.6a). Dann gilt für alle $z \in R$

$$f(z) = \sum_{n=-\infty}^{\infty} c_n (z-a)^n. \qquad (2)$$

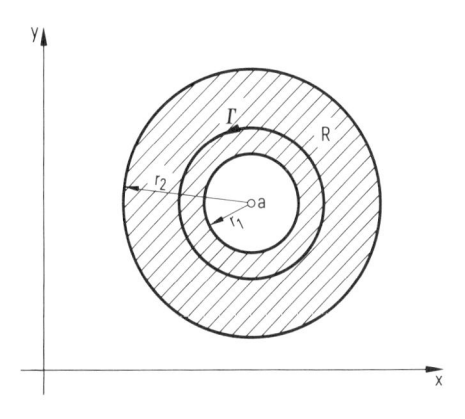

Fig. 5.6a

Bemerkungen

1) Die Reihe (2) heisst die **Laurent-Reihe** von f im Kreisring R; a ist das «Entwicklungszentrum». Dabei bedeutet

$$\sum_{n=-\infty}^{\infty} = \sum_{n=0}^{\infty} + \sum_{n=-1}^{-\infty}.$$

Die Laurent-Reihe enthält also positive *und* negative Potenzen von $z - a$.

2) Ist insbesondere f in der vollen Kreisscheibe $|z-a|<r_2$ analytisch, so ist für $n=-1,-2,-3,\ldots$ der Integrand in (1)

$$\frac{f(z)}{(z-a)^{n+1}} = f(z)(z-a)^{-n-1}$$

in dieser Kreisscheibe analytisch. Gemäss dem Cauchyschen Integralsatz gilt daher

$$c_n = \frac{1}{2\pi i}\int_\Gamma \frac{f(z)}{(z-a)^{n+1}}\,dz = 0, \qquad n=-1,-2,-3,\ldots,$$

d.h., die Reihe (2) enthält keine negativen Potenzen von $z-a$. Nach Satz 5.5b (Eindeutigkeit der Taylor–Reihe) ist in diesem Fall (2) die Taylor–Reihe von f im Punkt a. In der Tat, da nach Satz 5.4d

$$c_n = \frac{1}{2\pi i}\int_\Gamma \frac{f(z)}{(z-a)^{n+1}}\,dz = \frac{f^{(n)}(a)}{n!}, \qquad n=0,1,2,\ldots,$$

stimmen für $n=0,1,2,\ldots$ die Laurent–Koeffizienten c_n mit den Taylor–Koeffizienten überein.

3) Laut Satz 5.6a sind die Werte der Koeffizienten c_n vom Verlauf der Kurve Γ unabhängig. Dass dem so ist, folgt unmittelbar aus Satz 5.3a (Verallgemeinerung des Cauchyschen Integralsatzes), da ja der Integrand in (1) im Kreisring R analytisch ist.

Für den Beweis von Satz 5.6a benötigen wir folgende Verallgemeinerung der Cauchyschen Integralformel.

LEMMA 5.6b. *Die Funktion f sei im Kreisring $R: r_1<|z-a|<r_2$ analytisch; weiter sei $r_1<\rho_1<\rho_2<r_2$. Dann gilt für alle z im Kreisring $R_1: \rho_1<|z-a|<\rho_2$*

$$f(z) = \frac{1}{2\pi i}\int_{\Gamma_2}\frac{f(\zeta)}{\zeta-z}\,d\zeta - \frac{1}{2\pi i}\int_{\Gamma_1}\frac{f(\zeta)}{\zeta-z}\,d\zeta, \qquad (3)$$

5.6. Die Laurent-Reihe

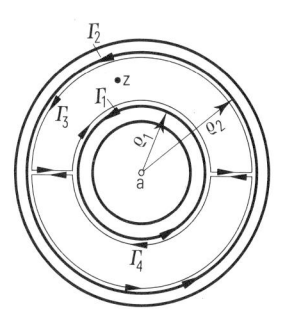

Fig. 5.6b

wobei Γ_1, Γ_2 *der innere bzw. äussere Randkreis von* R_1 *ist* (s. Fig. 5.6b).

Beweis des Lemmas. Es sei z ein beliebiger, fester Punkt in R_1. Für die in Fig. 5.6b eingezeichneten Kurven Γ_3 und Γ_4 gilt einerseits gemäss der Cauchyschen Integralformel

$$\frac{1}{2\pi i}\int_{\Gamma_3}\frac{f(\zeta)}{\zeta-z}\,d\zeta = f(z),$$

andererseits gemäss dem Cauchyschen Integralsatz

$$\frac{1}{2\pi i}\int_{\Gamma_4}\frac{f(\zeta)}{\zeta-z}\,d\zeta = 0$$

(der Integrand ist als Funktion in ζ in einem einfach zusammenhängenden Gebiet, das Γ_4 enthält, analytisch). Da aber

$$\Gamma_3 + \Gamma_4 = \Gamma_2 - \Gamma_1,$$

ergibt sich nun durch Addition der beiden Integrale

$$f(z) = \frac{1}{2\pi i}\int_{\Gamma_3}\frac{f(\zeta)}{\zeta-z}\,d\zeta + \frac{1}{2\pi i}\int_{\Gamma_4}\frac{f(\zeta)}{\zeta-z}\,d\zeta$$

$$= \frac{1}{2\pi i}\int_{\Gamma_2}\frac{f(\zeta)}{\zeta-z}\,d\zeta - \frac{1}{2\pi i}\int_{\Gamma_1}\frac{f(\zeta)}{\zeta-z}\,d\zeta,$$

also (3).

Wir kommen damit zum *Beweis von Satz* 5.6a. Sei jetzt z ein beliebiger, fester Punkt in R. Für geeignete Radien ρ_1, ρ_2 (z muss in R_1 liegen) gilt (3). Wir stellen nun die Laurent-Reihe (2) her, indem wir die Integranden in (3) auf ähnliche Weise wie bei der Herleitung der Taylor-Reihe umformen.

Für $\zeta \in \Gamma_2$ haben wir

$$|\zeta - a| > |z - a|,$$

also

$$\left|\frac{z-a}{\zeta-a}\right| < 1.$$

Damit können wir wieder folgende Umformung in eine geometrische Reihe vornehmen:

$$\frac{1}{\zeta - z} = \frac{1}{\zeta - a + a - z} = \frac{1}{\zeta - a} \frac{1}{1 - \frac{z-a}{\zeta-a}} = \frac{1}{\zeta - a} \sum_{n=0}^{\infty} \left(\frac{z-a}{\zeta-a}\right)^n.$$

Wir setzen dies in (3) im Integral längs Γ_2 ein und erhalten so

$$\frac{1}{2\pi i} \int_{\Gamma_2} \frac{f(\zeta)}{\zeta - z} d\zeta = \frac{1}{2\pi i} \int_{\Gamma_2} f(\zeta) \sum_{n=0}^{\infty} \frac{(z-a)^n}{(\zeta-a)^{n+1}} d\zeta$$

$$= \sum_{n=0}^{\infty} (z-a)^n \frac{1}{2\pi i} \int_{\Gamma_2} \frac{f(\zeta)}{(\zeta-a)^{n+1}} d\zeta.$$

Gemäss der Berechnungsformel (1) für die Koeffizienten c_n der Laurent-Reihe ergibt sich daraus

$$\frac{1}{2\pi i} \int_{\Gamma_2} \frac{f(\zeta)}{\zeta - z} d\zeta = \sum_{n=0}^{\infty} c_n (z-a)^n.$$

Das Integral längs Γ_2 trägt also die eine «Hälfte» zur Laurent-Reihe bei.

Für $\zeta \in \Gamma_1$ gilt

$$|\zeta - a| < |z - a|,$$

d.h.

$$\left|\frac{\zeta - a}{z - a}\right| < 1.$$

Daher ist hier folgende Umformung in eine geometrische Reihe möglich:

$$\frac{1}{\zeta - z} = \frac{1}{\zeta - a + a - z} = -\frac{1}{z - a} \frac{1}{1 - \frac{\zeta - a}{z - a}}$$

$$= -\frac{1}{z - a} \sum_{n=0}^{\infty} \left(\frac{\zeta - a}{z - a}\right)^n.$$

Indem wir dies in (3) im Integral längs Γ_1 einsetzen, bekommen wir

$$-\frac{1}{2\pi i} \int_{\Gamma_1} \frac{f(\zeta)}{\zeta - z} \, d\zeta = \frac{1}{2\pi i} \int_{\Gamma_1} f(\zeta) \sum_{n=0}^{\infty} \frac{(\zeta - a)^n}{(z - a)^{n+1}} \, d\zeta$$

$$= \sum_{n=0}^{\infty} \frac{1}{(z - a)^{n+1}} \frac{1}{2\pi i} \int_{\Gamma_1} f(\zeta)(\zeta - a)^n \, d\zeta$$

$$= \sum_{n=0}^{\infty} c_{-n-1}(z - a)^{-n-1}$$

$$= \sum_{n=-1}^{-\infty} c_n(z - a)^n.$$

Das Integral längs Γ_1 liefert somit die Glieder mit den negativen Potenzen von $z - a$ der Laurent–Reihe. Durch Addition der beiden «Reihenhälften» erhält man nun aus (3) die gesuchte Darstellung (2) von f.

Die Laurent–Reihe ist ebenfalls eindeutig.

SATZ 5.6 c (*Eindeutigkeitssatz*). *Eine in einem Kreisring* $R: r_1 < |z-a| < r_2$ *analytische Funktion f kann nur auf eine Weise in R durch eine Reihe der Form* (2) *dargestellt werden.*

Beweis. Wir nehmen an, es gebe neben (2) noch eine andere Reihendarstellung von f von derselben Form:

$$f(z) = \sum_{n=-\infty}^{\infty} c'_n (z-a)^n, \quad z \in R. \tag{4}$$

Indem wir nun (4) von (2) subtrahieren, entsteht die Identität

$$0 = \sum_{n=-\infty}^{\infty} d_n (z-a)^n, \quad z \in R, \tag{5}$$

wobei

$$d_n := c_n - c'_n, \quad n = 0, \pm 1, \pm 2, \ldots$$

Sei jetzt m eine beliebige ganze Zahl (positiv, negativ oder Null). Wir multiplizieren beide Seiten von (5) mit dem Faktor $(z-a)^{-m-1}$ und integrieren längs eines positiv orientierten Kreises Γ um a in R; wir erhalten so

$$0 = \sum_{n=-\infty}^{\infty} d_n \int_\Gamma (z-a)^{n-m-1} \, dz \tag{6}$$

(die Reihe darf gliedweise integriert werden). Es ist nun aber für ganzzahliges k

$$\int_\Gamma (z-a)^k \, dz = \begin{cases} 2\pi i, & \text{falls } k = -1, \\ 0 & \text{sonst,} \end{cases}$$

so dass also in der Reihe (6) alle Summanden Null sind mit Ausnahme desjenigen, wo $n - m - 1 = -1$, d.h., wo $n = m$. Hieraus folgt

$$0 = d_m \cdot 2\pi i,$$

d.h.
$$d_m = 0,$$
und somit
$$c_m = c'_m.$$

Da nun m beliebig war, ist demnach die Reihe (4) mit der Reihe (2) identisch.

In konkreten Fällen kann beim Aufstellen der Laurent–Reihe die Berechnung der Koeffizienten c_n nach Formel (1) häufig dadurch umgangen werden, dass man auf einem andern Weg eine Reihenentwicklung der Funktion herstellt und die betreffende Reihe dann unter Benutzung des Eindeutigkeitssatzes als Laurent–Reihe identifiziert.

BEISPIELE

① Sei
$$f : z \to \frac{\sin z}{z^2}, \qquad z \neq 0.$$

Wir bestimmen die Laurent–Reihe von f im Kreisring $0 < |z| < \infty$. Nach Beispiel ③, Abschnitt 5.5, besteht für alle $z \in \mathbb{C}$ die Identität
$$\sin z = z - \frac{z^3}{3!} + \frac{z^5}{5!} - \frac{z^7}{7!} + \cdots$$

Indem wir hier nun durch z^2, $z \neq 0$, dividieren, ergibt sich
$$\frac{\sin z}{z^2} = \frac{1}{z} - \frac{z}{3!} + \frac{z^3}{5!} - \frac{z^5}{7!} + \cdots,$$

gültig für alle $z \neq 0$. Wie man sieht, hat die Reihe die Gestalt einer Laurent–Reihe mit dem Entwicklungszentrum $a = 0$. Wegen des Eindeutigkeitssatzes muss es die gesuchte

Laurent-Reihe sein. Wir haben in diesem Fall nur ein einziges Glied mit negativer Potenz von z.

② Sei
$$f : z \to e^{1/(1-z)}.$$

Die Funktion $z \to 1/(1-z)$ ist für $z \neq 1$ analytisch, die Exponentialfunktion $z \to e^z$ ist ganz. Somit ist f für $z \neq 1$ analytisch. Welches ist die Laurent-Reihe von f im Kreisring $0 < |z-1| < \infty$?

Nach Beispiel ①, Abschnitt 5.5, gilt für alle $w \in \mathbb{C}$
$$e^w = 1 + \frac{w}{1!} + \frac{w^2}{2!} + \frac{w^3}{3!} + \cdots$$

Wir setzen hier jetzt $w := 1/(1-z)$, $z \neq 1$; wir erhalten

$$e^{1/(1-z)} = 1 + \frac{1}{1!} \frac{1}{1-z} + \frac{1}{2!} \frac{1}{(1-z)^2} + \frac{1}{3!} \frac{1}{(1-z)^3} + \cdots$$
$$= 1 - \frac{(z-1)^{-1}}{1!} + \frac{(z-1)^{-2}}{2!} - \frac{(z-1)^{-3}}{3!} + \cdots$$

für alle $z \neq 1$. Die letzte Reihe hat die Gestalt einer Laurent-Reihe mit dem Entwicklungszentrum $a = 1$. Wegen der Eindeutigkeit der Laurent-Entwicklung ist es die gesuchte Laurent-Reihe. Es kommen hier unendlich viele Glieder mit negativer Potenz von $z-1$ vor und keines mit positiver Potenz.

Es sei jetzt f in verschiedenen Kreisringen mit dem Zentrum a analytisch, z.B. in $R_1 : r_1 < |z-a| < r_2$ und $R_2 : r_2 < |z-a| < r_3$. Gemäss Theorie kann f sowohl in R_1 als auch in R_2 durch eine Laurent-Reihe dargestellt werden. Die beiden Laurent-Reihen sind i.allg. voneinander verschieden. Dazu folgendes Beispiel:

③ Sei
$$f : z \to \frac{1}{z} + \frac{1}{1-z}.$$

5.6. Die Laurent-Reihe

f ist in der ganzen komplexen Ebene mit Ausnahme der Punkte $z = 0$ und $z = 1$ analytisch. Insbesondere ist also f in den beiden Kreisringen

$$R_1 : 0 < |z| < 1, \qquad R_2 : 1 < |z| < \infty$$

analytisch.

Im Fall $|z| < 1$ können wir $1/(1-z)$ direkt in eine geometrische Reihe entwickeln:

$$\frac{1}{1-z} = 1 + z + z^2 + z^3 + \cdots$$

Damit erhalten wir in R_1 die Laurent-Entwicklung

$$f(z) = \frac{1}{z} + 1 + z + z^2 + z^3 + \cdots \tag{7}$$

Im Fall $|z| > 1$ entwickeln wir $1/(1-z)$ wie folgt in eine geometrische Reihe:

$$\frac{1}{1-z} = -\frac{1}{z} \frac{1}{1 - \frac{1}{z}} = -\frac{1}{z}\left(1 + \frac{1}{z} + \frac{1}{z^2} + \frac{1}{z^3} + \cdots\right)$$

$$= -\frac{1}{z} - \frac{1}{z^2} - \frac{1}{z^3} - \frac{1}{z^4} - \cdots$$

Also haben wir in R_2 die Laurent-Entwicklung

$$f(z) = -\frac{1}{z^2} - \frac{1}{z^3} - \frac{1}{z^4} - \cdots \tag{8}$$

Wie wir sehen, sind die beiden Laurent-Reihen (7) und (8) voneinander verschieden.

Zum Schluss noch zwei

Bemerkungen
1) Anhand des Beweises der Cauchyschen Koeffizientenabschätzungsformel für Taylor-Koeffizienten

(Satz 5.5c) ist unmittelbar ersichtlich, dass die Abschätzungsformel für die Laurent-Koeffizienten ebenfalls gilt, d.h., für die Koeffizienten c_n in (2) gilt

$$|c_n| \leq \frac{M(r)}{r^n}, \qquad n = 0, \pm 1, \pm 2, \ldots,$$

wobei $r_1 < r < r_2$ und

$$M(r) = \max_{|z-a|=r} |f(z)|.$$

2) Ohne Beweis notieren wir: Innerhalb ihres Konvergenzbereichs kann mit Laurent-Reihen gleich wie mit endlichen Summen umgegangen werden. Laurent-Reihen dürfen also gliedweise addiert, subtrahiert, differenziert und integriert werden, und das Produkt zweier Laurent-Reihe erhält man durch Ausmultiplizieren der Reihen.

Fourier-Reihen

Es besteht eine enge Beziehung zwischen Laurent-Reihen und (komplexen) Fourier-Reihen. Diese Beziehung erlaubt in manchen Fällen, die Fourier-Reihe einer gegebenen periodischen Funktion zu bestimmen, ohne dass Integrale berechnet werden müssen.

Die Funktion

$$f: \phi \to f(\phi), \qquad \phi \text{ reell},$$

sei periodisch mit der Periode 2π. Wir können dann f in der Form

$$f(\phi) = F(e^{i\phi})$$

schreiben, wobei nun F eine auf dem Einheitskreis definierte Funktion ist. Weiter nehmen wir jetzt an, die Funktion F lasse sich in einem Kreisring

$$R: r_1 < |z| < r_2$$

mit $r_1 < 1 < r_2$ für $|z| \neq 1$ so definieren, dass F in R analytisch ist; F habe in R die Laurent-Entwicklung

$$F(z) = \sum_{n=-\infty}^{\infty} c_n z^n.$$

Setzen wir hier nun insbesondere $z = e^{i\phi}$ (was man wegen $e^{i\phi} \in R$ darf), so ergibt sich

$$F(e^{i\phi}) = f(\phi) = \sum_{n=-\infty}^{\infty} c_n e^{in\phi}, \tag{9}$$

gültig für alle reellen ϕ. Die Reihe (9) hat die Gestalt einer Fourier-Reihe. Da die Fourier-Reihe einer periodischen Funktion eindeutig ist, ist es *die* Fourier-Reihe von f.

BEISPIEL

④ Ein Rad vom Radius a dreht sich um den Nullpunkt. Es bezeichne r den Abstand eines Punktes auf der Radperipherie von einem festen Punkt P, A ($A > a$) den Abstand des Punktes P vom Radmittelpunkt (s. Fig. 5.6c). Nach dem Cosinussatz gilt

$$r^2 = A^2 + a^2 - 2Aa \cos \phi.$$

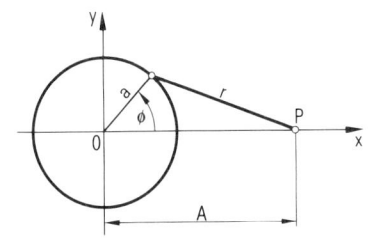

Fig. 5.6c

Man möchte jetzt die Fourier–Reihe der 2π-periodischen Funktion

$$f : \phi \to \frac{A^2}{r^2} = \frac{A^2}{A^2 + a^2 - 2Aa \cos \phi}$$

ermitteln.

Mit

$$\cos \phi = \frac{1}{2}(e^{i\phi} + e^{-i\phi})$$

haben wir

$$f(\phi) = \frac{A^2}{A^2 + a^2 - Aa(e^{i\phi} + e^{-i\phi})}.$$

Dementsprechend definieren wir hier nun die Funktion F durch

$$\begin{aligned}
F(z) &:= \frac{A^2}{A^2 + a^2 - Aa\left(z + \dfrac{1}{z}\right)} \\
&= \frac{1}{1 + q^2 - q\left(z + \dfrac{1}{z}\right)} \\
&= \frac{z}{(1+q^2)z - q(z^2+1)} \\
&= \frac{z}{(z-q)(1-qz)},
\end{aligned}$$

wobei wir

$$q := \frac{a}{A}$$

5.6. Die Laurent-Reihe

gesetzt haben. Die Funktion F ist rational, der Nenner verschwindet für

$$z_1 := q, \qquad z_2 := \frac{1}{q}.$$

Also ist F im Kreisring

$$R : q < |z| < \frac{1}{q},$$

der den Einheitskreis enthält (man beachte, dass $0 < q < 1$), analytisch. Wir gewinnen die Laurent-Reihe von F in R mittels Partialbruchzerlegung. Da die Nullstellen z_1, z_2 des Nenners einfach sind, hat die Partialbruchzerlegung die Form

$$\frac{z}{(z-q)(1-qz)} = \frac{A_1}{z-q} + \frac{A_2}{1-qz}$$

mit komplexen Konstanten A_1, A_2. Nach Multiplikation mit dem Nenner,

$$z = A_1(1-qz) + A_2(z-q),$$

ergeben sich durch Koeffizientenvergleich die Gleichungen

$$1 = -A_1 q + A_2, \qquad 0 = A_1 - A_2 q.$$

Hieraus folgt

$$A_1 = \frac{q}{1-q^2}, \qquad A_2 = \frac{1}{1-q^2},$$

und somit ist

$$F(z) = \frac{1}{1-q^2} \left(\frac{q}{z-q} + \frac{1}{1-qz} \right).$$

Die beiden Partialbrüche können nun in geometrische

Reihen entwickelt werden:

$$\frac{q}{z-q} = \frac{q}{z}\frac{1}{1-\frac{q}{z}} = \frac{q}{z} + \frac{q^2}{z^2} + \frac{q^3}{z^3} + \cdots,$$

$$\frac{1}{1-qz} = 1 + qz + q^2 z^2 + q^3 z^3 + \cdots$$

(Man überlege sich, dass $0 < |q/z| < 1$ und $0 < |qz| < 1$ für $z \in R$!) Damit erhalten wir als Laurent–Reihe von F in R schliesslich

$$F(z) = \frac{1}{1-q^2} \sum_{n=-\infty}^{\infty} q^{|n|} z^n$$

$$= \frac{1}{1-q^2}[1 + q(z + z^{-1}) + q^2(z^2 + z^{-2}) + \cdots]$$

Wir setzen hier jetzt $z = e^{i\phi}$, und die gewünschte Fourier-Reihe von f steht da:

$$f(\phi) = \frac{1}{1+q^2-2q\cos\phi}$$

$$= \frac{1}{1-q^2}[1 + 2q\cos\phi + 2q^2\cos 2\phi + \cdots]$$

Gemäss der Berechnungsformel für die Fourier-Koeffizienten ergeben sich hieraus noch als zusätzliches Resultat die Integrale

$$\int_0^{2\pi} \frac{1}{1+q^2-2q\cos\phi}\,d\phi = \frac{2\pi}{1-q^2},$$

$$\int_0^{2\pi} \frac{\cos n\phi}{1+q^2-2q\cos\phi}\,d\phi = \frac{2\pi q^n}{1-q^2}, \quad n = 1, 2, 3, \ldots$$

Beschränkt man sich auf elementare Methoden, so können

diese Integrale nur durch komplizierte Substitutionen ermittelt werden.

AUFGABEN

1. Man bestimme die Laurent-Reihe der Funktion

$$f: z \to \frac{1}{1-z^2}$$

(a) im Kreisring $0 < |z-1| < 2$,
(b) im Kreisring $|z-1| > 2$.

2. Man bestimme die im Kreisring $1 < |z+1| < 2$ gültige Laurent-Reihe der Funktion

$$f: z \to \frac{1}{1+z} - \frac{2}{z} + \frac{1}{1-z}.$$

3. Man bestimme die Laurent-Reihe der Funktion

$$f: z \to \frac{1}{z^2 - z - 2}$$

(a) im Kreisring $0 < |z+1| < 3$,
(b) im Kreisring $|z+1| > 3$.
(Tip: Partialbruchzerlegung.)

4. Die Funktion

$$f: \phi \to \frac{1}{2 + e^{i\phi}}$$

ist periodisch mit der Periode 2π. Welches ist ihre Fourier-Reihe?

5. Sei a reell, $|a| < 1$. Zeige, ohne zu integrieren: Der Mittelwert der periodischen Funktion

$$f: \phi \to \frac{1}{\sqrt{1 - a \cos^2 \phi}}$$

beträgt

$$2\pi \sum_{n=0}^{\infty} \left[\binom{-\frac{1}{2}}{n}\right]^2 a^n.$$

6. In ebenen Polarkoordinaten (ρ, ϕ) stellt die Kurve

$$\phi \to \rho(\phi) := \frac{1}{1 - \varepsilon \cos \phi} \qquad (|\varepsilon| < 1)$$

bekanntlich eine Ellipse dar, deren einer Brennpunkt im Nullpunkt liegt (s. Fig. 5.6d).

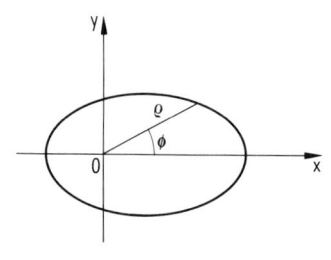

Fig. 5.6d

(a) Man stelle die Fourier-Reihe der periodischen Funktion $\rho(\phi)$ auf.

(b) Aus der Fourier-Reihe soll gemäss der Formel

$$F = \frac{1}{2} \int_0^{2\pi} [\rho(\phi)]^2 \, d\phi$$

der Flächeninhalt der Ellipse berechnet werden (Parsevalsche Formel benutzen). Wie kann das Resultat mit der gewöhnlichen Flächenformel für die Ellipse in Einklang gebracht werden?

7. Mit Hilfe der Beziehung

$$e^{(a/2)(z-1/z)} = \sum_{n=-\infty}^{\infty} z^n J_n(a)$$

(J_n = Besselsche Funktion der Ordnung n) beweise man die für beliebige a und b gültige Formel

$$J_n(a+b) = \sum_{n=-\infty}^{\infty} J_n(a)J_{-n}(b).$$

(Anleitung: Man berechne auf zwei Arten die Laurent-Reihe von

$$z \to \exp\left[\frac{a+b}{2}\left(z - \frac{1}{z}\right)\right]$$

um den Punkt $z = 0$ herum.)

8. Für alle $z \neq 0$ gilt die Identität

$$1 = \frac{1}{1-z} + \frac{1}{1-\frac{1}{z}}.$$

Entwicklung der Brüche in geometrische Reihen gibt

$$1 = 1 + z + z^2 + z^3 + \cdots + 1 + \frac{1}{z} + \frac{1}{z^2} + \ldots,$$

also

$$0 = \sum_{n=-\infty}^{\infty} z^n.$$

Warum ist dies kein Widerspruch zum Satz über die Eindeutigkeit der Laurent-Reihe?

5.7. *Isolierte Singularitäten*

DEFINITION. *Man sagt, eine analytische Funktion f besitzt in einem Punkt $a \in \mathbb{C}$ eine **isolierte Singularität**, wenn f in einem Kreisring $0 < |z-a| < r$ definiert ist, nicht aber im Punkt a selbst.*

BEISPIELE

① Die Funktion

$$f: z \to \frac{\sin z}{z}$$

besitzt im Punkt $z = 0$ eine isolierte Singularität.

② Die Funktion

$$f: z \to \frac{1}{1+z^2}$$

besitzt in den beiden Punkten $z = \pm i$ isolierte Singularitäten.

③ Die Funktion

$$f: z \to e^{1/(1-z)}$$

hat im Punkt $z = 1$ eine isolierte Singularität.

④ Bekanntlich ist der Hauptwert des komplexen Logarithmus

$$\text{Log}: z \to \text{Log } z$$

auf der negativen reellen Achse und für $z = 0$ nicht definiert (und kann dort auch nicht analytisch definiert werden, s. Abschnitt 1.6). Der Punkt $z = 0$ ist in diesem Fall *keine* isolierte Singularität. (Hier ist die ganze negative reelle Achse inklusive Nullpunkt als singulär anzusehen.)

Es besitze die Funktion f im Punkt $z = a$ eine isolierte Singularität. f kann dann gemäss Satz 5.6a in einem Kreisring $0 < |z - a| < r$ in eine Laurent-Reihe entwickelt werden:

$$f(z) = \sum_{n=-\infty}^{\infty} c_n (z-a)^n. \tag{1}$$

Je nach Gestalt der Laurent-Reihe unterscheidet man nun drei Typen von isolierten Singularitäten.

DEFINITION. *Der Punkt a heisst*
  (i) *eine **hebbare Singularität** von f, wenn in der Reihe* (1) *alle Koeffizienten c_n mit $n < 0$ Null sind;*
  (ii) *ein **Pol der Ordnung** m von f, wenn in der Reihe* (1) *nur endlich viele Koeffizienten c_n mit $n < 0$ von Null verschieden sind und $-m$ die kleinste Zahl ist, für die $c_{-m} \neq 0$;*
  (iii) *eine **wesentliche Singularität** von f, wenn in der Reihe* (1) *unendlich viele Koeffizienten c_n mit $n < 0$ von Null verschieden sind.*

Wir werden weiter unten sehen, dass sich f je nach Art der Singularität a in der Umgebung von a anders verhält. (Durch das Verhalten von f wird dann insbesondere die Benennung «hebbare Singularität» verständlich.)

Wir klassifizieren die Singularitäten in obigen Beispielen.

BEISPIELE
⑤ Wir müssen die Laurent-Reihe der Funktion

$$f : z \to \frac{\sin z}{z}$$

um $z = 0$ herum herstellen. Aus der Taylor-Reihe des Sinus,

$$\sin z = z - \frac{z^3}{3!} + \frac{z^5}{5!} - \frac{z^7}{7!} + \ldots,$$

erhalten wir nach Division durch $z \neq 0$

$$\frac{\sin z}{z} = 1 - \frac{z^2}{3!} + \frac{z^4}{5!} - \frac{z^6}{7!} + \cdots$$

Wegen der Eindeutigkeit der Laurent-Reihe ist dies die gewünschte Laurent-Reihe von f. Wie wir sehen, kommen keine Glieder mit negativen Potenzen von z vor. Der Punkt $z = 0$ ist hier also eine hebbare Singularität von f.

⑥ Wir untersuchen die isolierte Singularität von

$$f: z \to \frac{1}{1+z^2}$$

im Punkt $z = i$. Dazu müssen wir f um $z = i$ herum in eine Laurent–Reihe entwickeln. Unter Benutzung der geometrischen Reihe ergibt sich nacheinander

$$\frac{1}{z^2+1} = \frac{1}{(z-i)(z+i)} = \frac{1}{z-i}\frac{1}{z-i+2i}$$

$$= \frac{1}{z-i}\frac{1}{2i\left(1+\frac{z-i}{2i}\right)}$$

$$= \frac{1}{2i}\frac{1}{z-i}\frac{1}{1-\frac{i}{2}(z-i)}$$

$$= \frac{1}{2i}\frac{1}{z-i}\left[1+\frac{i}{2}(z-i)+\left(\frac{i}{2}\right)^2(z-i)^2+\cdots\right]$$

$$= \frac{1}{2i}\frac{1}{z-i} + \frac{1}{2^2}(z-i)^0 + \frac{i}{2^3}(z-i) + \cdots$$

Die Laurent–Reihe beginnt mit dem Glied $c_{-1}(z-i)^{-1}$, wobei $c_{-1} = 1/2i$. Die Funktion f besitzt somit im Punkt $z = i$ einen Pol erster Ordnung.

⑦ Von welchem Typ ist die Singularität der Funktion

$$f: z \to e^{1/(1-z)}$$

im Punkt $z = 1$? In Beispiel ②, Abschnitt 5.6, haben wir

$$e^{1/(1-z)} = 1 - \frac{1}{z-1} + \frac{1}{2}\frac{1}{(z-1)^2} - \frac{1}{3!}\frac{1}{(z-1)^3} + \cdots$$

gefunden. Die Laurent–Reihe von f enthält unendlich viele

Glieder mit negativen Potenzen von $z-1$. Der Punkt $z=1$ ist demnach eine wesentliche Singularität von f.

⑧ In Verallgemeinerung von Beispiel ⑥ zeigen wir: *Die Singularitäten einer rationalen Funktion sind entweder Pole oder hebbar (also nie wesentlich).*

Sei f eine rationale Funktion:

$$f(z)=\frac{p(z)}{q(z)},$$

$p(z), q(z)$ Polynome. f ist bei den Nullstellen von $q(z)$ singulär (und nur dort). Da $q(z)$ nur endlich viele Nullstellen besitzt, können sich die Singularitäten von f nicht häufen, d.h., die Singularitäten sind alle isoliert. Es sei nun z_0 eine Nullstelle von $q(z)$, die Ordnung der Nullstelle sei m. Man kann dann bekanntlich $q(z)$ in der Form

$$q(z)=(z-z_0)^m q_1(z)$$

schreiben, wobei $q_1(z)$ ein Polynom (von niedrigerem Grad als $q(z)$) ist mit $q_1(z_0) \neq 0$. Entsprechend hat f die Gestalt

$$f(z)=\frac{1}{(z-z_0)^m}\frac{p(z)}{q_1(z)}. \qquad (2)$$

Hier ist die rationale Funktion

$$z \to \frac{p(z)}{q_1(z)}$$

wegen $q_1(z_0) \neq 0$ in z_0 definiert, so dass sie in z_0 in eine Taylor–Reihe entwickelt werden kann:

$$\frac{p(z)}{q_1(z)}=\sum_{n=0}^{\infty} a_n(z-z_0)^n;$$

die Reihe konvergiert innerhalb eines Kreises um z_0, sagen wir für $|z-z_0|<r$. Aus (2) ergibt sich damit für f die

Laurent-Entwicklung

$$f(z) = \sum_{n=0}^{\infty} a_n (z-z_0)^{n-m}$$

$$= \frac{a_0}{(z-z_0)^m} + \frac{a_1}{(z-z_0)^{m-1}} + \cdots,$$

gültig im Kreisring $0 < |z - z_0| < r$. Die Laurent-Reihe von f enthält demnach höchstens m Glieder mit negativen Potenzen von $z - z_0$ (wenn z_0 eine Nullstelle k-ter Ordnung von $p(z)$ ist, was wir nicht ausgeschlossen haben, ist $a_0 = a_1 = \cdots = a_{k-1} = 0$). Also ist z_0 Pol oder hebbare Singularität von f.

Wie bereits erwähnt, ist das Verhalten einer analytischen Funktion in der Umgebung einer isolierten Singularität je nach Art der Singularität verschieden. Die folgenden Sätze geben darüber Aufschluss.

SATZ 5.7a. *Die Funktion f sei analytisch im Kreisring $0 < |z - a| < r$, a sei eine hebbare Singularität von f. Dann existiert der Grenzwert*

$$\alpha := \lim_{z \to a} f(z).$$

Definiert man $f(a) := \alpha$, so ist die derart erweiterte Funktion f in der vollen Kreisscheibe $|z - a| < r$ analytisch.

Satz 5.7a besagt, dass die Singularität von f im Punkt a «aufgehoben» werden kann. Dadurch ist auch die Bezeichnung «hebbare Singularität» begründet.

Beweis von Satz 5.7a. Gemäss Voraussetzung gilt für

$0 < |z-a| < r$

$$f(z) = \sum_{n=0}^{\infty} c_n(z-a)^n$$
$$= c_0 + c_1(z-a) + c_2(z-a)^2 + \cdots$$

Hieraus ist unmittelbar ersichtlich, dass der Grenzwert $\lim_{z \to a} f(z)$ existiert und den Wert $\alpha = c_0$ hat. Des weiteren ergibt sich, $f(a) := c_0$ gesetzt,

$$\lim_{z \to a} \frac{f(z) - f(a)}{z - a} = \lim_{z \to a} \frac{c_0 + c_1(z-a) + c_2(z-a)^2 + \cdots - c_0}{z - a}$$

$$= \lim_{z \to a} [c_1 + c_2(z-a) + \cdots]$$

$$= c_1.$$

Das bedeutet aber, dass die erweiterte Funktion f im Punkt a komplex-differenzierbar ist, wobei $f'(a) = c_1$. Somit ist jetzt f in der vollen Kreisscheibe $|z-a| < r$ analytisch.

BEISPIEL
⑨ Aus Beispiel ⑤ folgt

$$\lim_{z \to 0} \frac{\sin z}{z} = 1.$$

Gemäss Satz 5.7a ist demnach nun die Funktion

$$f : z \to \begin{cases} \dfrac{\sin z}{z}, & \text{falls} \quad z \neq 0, \\ 1, & \text{falls} \quad z = 0, \end{cases}$$

in der ganzen komplexen Ebene analytisch, also ganz.

Es gilt jetzt auch die Umkehrung von Satz 5.7a und zwar

in der folgenden verschärften Form:

SATZ 5.7b (*Satz von Riemann*). *Die Funktion f besitze im Punkt a eine isolierte Singularität. Ist f in einem Kreisring $0<|z-a|<r$ beschränkt, so ist a eine hebbare Singularität von f.*

Beweis. f sei im Kreisring $0<|z-a|<r$ beschränkt, d.h., es gilt für ein $M>0$

$$|f(z)|\le M \quad \text{für} \quad 0<|z-a|<r. \tag{3}$$

Wir müssen zeigen, dass dann in der Laurent-Reihe

$$f(z)=\sum_{n=-\infty}^{\infty} c_n(z-a)^n$$

alle Koeffizienten c_n mit $n<0$ verschwinden. Gemäss der Cauchyschen Koeffizientenabschätzungsformel gilt wegen (3) für beliebiges $\rho, 0<\rho<r$, die Abschätzung

$$|c_n|\le \frac{M}{\rho^n}, \quad n=0, \pm 1, \pm 2, \ldots$$

Falls $n<0$, strebt hier die Schranke $M/\rho^n = M\rho^{-n}$ für $\rho\to 0$ gegen Null. Also ist in der Tat $c_n=0$ für alle $n<0$.

Bemerkung. Aus Satz 5.7b folgt: Ist die isolierte Singularität a von f nicht hebbar, so ist f in keiner Umgebung von a beschränkt.

Wir untersuchen jetzt das Verhalten einer analytischen Funktion in der Umgebung eines Poles. Sei also a ein Pol von f. Gemäss Definition hat dann die Laurent-Reihe von f um a herum die Gestalt

$$f(z)=\frac{c_{-m}}{(z-a)^m}+\frac{c_{-m+1}}{(z-a)^{m-1}}+\frac{c_{-m+2}}{(z-a)^{m-2}}+\cdots$$

$$=\frac{1}{(z-a)^m}[c_{-m}+c_{-m+1}(z-a)+c_{-m+2}(z-a)^2+\cdots],$$

5.7. Isolierte Singularitäten

wobei $m>0$ und $c_{-m} \neq 0$. Was passiert hier für $z \to a$? Der erste Faktor strebt gegen ∞, der zweite gegen c_{-m}. Also haben wir

$$\lim_{z \to a} f(z) = \infty.$$

SATZ 5.7c. *Hat die Funktion f im Punkt a einen Pol, so gilt*

$$\lim_{z \to a} f(z) = \infty.$$

Aus Obigem geht hervor, dass $f(z)$ wie $1/(z-a)^m$ gegen ∞ strebt, wenn m die Ordnung des Poles ist. $f(z)$ strebt also um so stärker gegen ∞, je höher die Ordnung des Poles. Man wird nun vermuten, dass, wenn im Punkt a eine wesentliche Singularität vorliegt, $f(z)$ für $z \to a$ stärker als jede Potenz von $1/(z-a)$ gegen ∞ geht. Wie das folgende Beispiel jedoch zeigt, ist das Verhalten einer analytischen Funktion in der Umgebung einer wesentlichen Singularität komplizierter.

BEISPIEL
⑩ Die Funktion

$$f: z \to e^{1/z} = 1 + \frac{1}{z} + \frac{1}{2! \, z^2} + \frac{1}{3! \, z^3} + \cdots$$

hat in $z=0$ eine wesentliche Singularität. Wir lassen hier jetzt z auf verschiedene Weisen gegen 0 streben.
Für $z = x$, x reell >0, ergibt sich

$$\lim_{z \to 0} e^{1/z} = \lim_{\substack{x \to 0 \\ x > 0}} e^{1/x} = \infty.$$

Für $z = x$, x reell <0, erhalten wir

$$\lim_{\substack{z \to 0 \\ x<0}} e^{1/z} = \lim_{x \to 0} e^{1/x} = \lim_{x>0} e^{-1/x} = 0.$$

Für $z = iy$, y reell, hingegen existiert offenbar der Grenzwert

$$\lim_{z \to 0} e^{1/z} = \lim_{y \to 0} e^{1/iy} = \lim_{y \to 0} e^{-i/y}$$

nicht.

Je nach Art und Weise wie sich z einer wesentlichen Singularität a von f nähert, kann also der Grenzwert von $f(z)$ existieren oder nicht. Falls der Grenzwert existiert, hängt dessen Wert auch wieder von der Art der Annäherung von z gegen a ab.

Der nächste Satz zeigt, dass sich in der Tat eine analytische Funktion in der Umgebung einer wesentlichen Singularität recht merkwürdig verhält.

SATZ 5.7d (*Satz von Casorati-Weierstrass*). *Die Funktion f besitze im Punkt a eine wesentliche Singularität. Dann kommen die Werte von f in jeder Umgebung von a jeder komplexen Zahl $w \in \mathbb{C}$ beliebig nahe.*

Wir führen den *Beweis von Satz* 5.7d indirekt. Wir nehmen an, es gebe eine Umgebung $U : 0 < |z - a| < r$ von a (a gehört nicht zu U) und eine komplexe Zahl w_0 derart, dass die Werte von f in U der Zahl w_0 nicht beliebig nahe kommen, d.h., es existiere ein $\varepsilon > 0$ so, dass

$$|f(z) - w_0| \geq \varepsilon \quad \text{für alle} \quad z \in U. \tag{4}$$

5.7. Isolierte Singularitäten

Betrachten wir jetzt die Hilfsfunktion

$$g : z \to \frac{1}{f(z) - w_0}.$$

g ist in U analytisch und, da wegen (4)

$$|g(z)| \leq \frac{1}{\varepsilon} \quad \text{für alle} \quad z \in U,$$

beschränkt. Nach Satz 5.7b ist dann a eine hebbare Singularität von g, so dass also g folgende Gestalt hat:

$$\begin{aligned} g(z) &= c_m(z-a)^m + c_{m+1}(z-a)^{m+1} + \cdots \\ &= (z-a)^m [c_m + c_{m+1}(z-a) + \cdots] \\ &= (z-a)^m g_1(z); \end{aligned}$$

hiebei ist $m \geq 0$ und g_1 ist eine in der Kreisscheibe $|z-a| < r$ analytische Funktion mit $g_1(a) \neq 0$. Damit ergibt sich für f die Darstellung

$$f(z) = w_0 + \frac{1}{g(z)} = w_0 + \frac{1}{(z-a)^m} \frac{1}{g_1(z)},$$

gültig in U. Indem wir die Funktion $1/g_1$ im Punkt a in die Taylor–Reihe entwickeln (was wegen $g_1(a) \neq 0$ möglich ist),

$$\frac{1}{g_1(z)} = b_0 + b_1(z-a) + b_2(z-a)^2 + \ldots,$$

erhalten wir als Laurent–Entwicklung von f

$$f(z) = \frac{b_0}{(z-a)^m} + \frac{b_1}{(z-a)^{m-1}} + \cdots + b_m + w_0 + b_{m+1}(z-a) + \cdots$$

Die Reihe enthält nur endlich viele Glieder mit negativen Potenzen von $z - a$. Dies widerspricht nun aber der Voraussetzung, dass a eine wesentliche Singularität von f ist. Somit ist unsere Annahme (4) falsch und folglich die Behauptung des Satzes richtig.

Im Zusammenhang mit der Laurent–Reihe führen wir noch einen neuen Begriff ein. Es sei a eine isolierte Singularität von f. In einer Umgebung von a kann dann f durch eine Laurent–Reihe dargestellt werden:

$$f(z) = \sum_{n=-\infty}^{\infty} c_n(z-a)^n, \qquad 0<|z-a|<r.$$

DEFINITION. *Die Funktion*

$$h: z \to \sum_{n=-\infty}^{-1} c_n(z-a)^n, \qquad 0<|z-a|<r,$$

*heisst der zu a gehörige **Hauptteil** von f.*

Der Hauptteil umfasst also alle Glieder mit negativen Potenzen der Laurent–Reihe. Im Fall einer hebbaren Singularität ist der Hauptteil identisch Null, im Fall eines Poles stellt der Hauptteil ein Polynom in $1/(z-a)$ dar.

Zum Schluss zeigen wir:

SATZ 5.7e. *Eine rationale Funktion, die im Unendlichen verschwindet, ist gleich der Summe ihrer Hauptteile.*

Beweis. Sei f rational. Nach Beispiel ⑧ ist f in der ganzen komplexen Ebene bis auf endlich viele Polstellen analytisch. Es seien $z_1, z_2, \ldots, z_N$ ($z_j \neq z_k$ für $j \neq k$) die Polstellen von f, h_k bezeichne den zum Pol z_k der Ordnung m_k gehörigen Hauptteil von f:

$$\begin{aligned}h_k(z) &:= \sum_{n=1}^{m_k} \frac{c_{kn}}{(z-z_k)^n} \\ &= \frac{c_{k1}}{z-z_k} + \frac{c_{k2}}{(z-z_k)^2} + \cdots + \frac{c_{km_k}}{(z-z_k)^{m_k}}, \quad k=1,2,\ldots,N.\end{aligned}$$

Wir bilden die Hilfsfunktion

$$g := f - h_1 - h_2 - \cdots - h_N. \tag{5}$$

g ist ebenfalls in der ganzen komplexen Ebene mit Ausnahme der Punkte $z_1, \ldots, z_N$ analytisch. Da nun aber der Hauptteil in den Laurent–Entwicklungen von g um die Punkte $z_1, \ldots, z_N$ jeweils wegfällt, sind hier $z_1, \ldots, z_N$ hebbare Singularitäten. Nach Satz 5.7a kann somit g in den Punkten $z_1, \ldots, z_N$ so definiert werden, dass g ganz wird. Andererseits haben wir

$$\lim_{z \to \infty} g(z) = 0, \tag{6}$$

denn jede Funktion auf der rechten Seite in (5) verschwindet im Unendlichen. Also ist g zudem beschränkt und folglich nach dem Satz von Liouville (Satz 5.5d) konstant. Wegen (6) muss $g(z) \equiv 0$ sein. Damit ergibt sich aus (5) die Behauptung.

Bemerkung. Die Darstellung

$$f = h_1 + h_2 + \cdots + h_N$$

ist nichts anderes als die (komplexe) Partialbruchzerlegung von f. Satz 5.7e liefert uns eine neue Methode zur Herstellung der Partialbruchzerlegung einer rationalen Funktion.

AUFGABEN

1. Die nachstehenden Funktionen haben alle im Punkt $z = 0$ eine Singularität.

(a) $f(z) := \dfrac{z}{e^z - 1}$

(b) $f(z) := \dfrac{1}{(e^z - 1)^2}$

(c) $f(z) := \sin \dfrac{1}{z}$

(d) $f(z) := \dfrac{1}{\sin \dfrac{1}{z}}$

(e) $f(z) := \dfrac{1}{\sin z}$

Welche dieser Singularitäten sind isoliert? Bei den isolierten Singularitäten gebe man an, ob es sich um eine hebbare Singularität, einen Pol (Ordnung?) oder um eine wesentliche Singularität handelt.

2. Man konstruiere eine nach Null strebende Folge von Punkten $z_1, z_2, z_3, \ldots$ derart, dass

$$\lim_{n \to \infty} e^{1/z_n} = i.$$

3. Es sei f eine analytische Funktion, und es konvergiere die Reihe

$$\frac{f(z)}{1+z^2} = \sum_{n=0}^{\infty} c_n z^n$$

im Punkt $z = 1 + i$. Welchen Wert hat f in den beiden Punkten $z = \pm i$?

4. Sei

$$f : x \to \mathrm{Log}\left(1 + \frac{1}{2}x + \frac{1}{8}x^2\right).$$

Zeige: Die Ableitungen der Ordnung $4n+2$ ($n = 0, 1, 2, \ldots$) von f verschwinden im Nullpunkt. (Anleitung: Einmaliges Differenzieren, Partialbruchzerlegung, geometrische Reihe → Taylor-Entwicklung.)

5. Sei

$$f: z \to \frac{4}{(z+1)^2(z-1)}.$$

(a) Man bestimme die Hauptteile von f.
(b) Wie lautet somit die Partialbruchzerlegung von f?

6. Sei $a \neq b$. Man stelle die Partialbruchzerlegung der Funktion

$$f: z \to \frac{1}{(z-a)^2(z-b)^2}$$

auf.

5.8. *Residuenkalkül*

Wir knüpfen an die Verallgemeinerung des Cauchyschen Integralsatzes (Satz 5.3a) an. Danach gilt für eine analytische Funktion f mit einem «Loch» im Definitionsbereich: Die Integrale längs zweier Kurven Γ, Γ_1, die das Loch G_1 einmal im positiven Sinn umlaufen, haben denselben Wert (s. Fig. 5.8a):

$$\int_\Gamma f(z)\,dz = \int_{\Gamma_1} f(z)\,dz$$

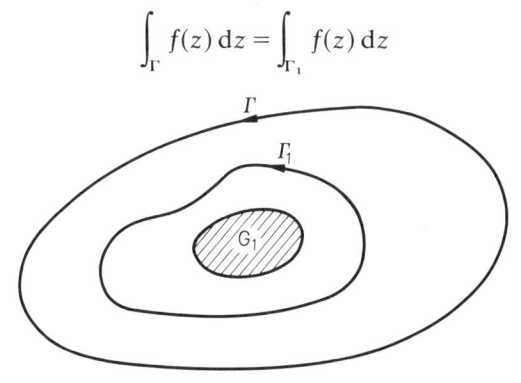

Fig. 5.8a

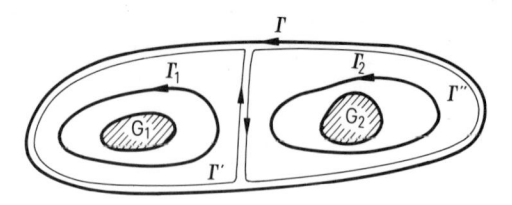

Fig. 5.8b

Man kann nun daraus weitere Schlüsse ziehen für den Fall, wo der Definitionsbereich von f mehrere Löcher aufweist. Wir betrachten zunächst den Fall zweier Löcher G_1, G_2.

Für die in Fig. 5.8b eingezeichnete Kurven gilt einerseits

$$\int_{\Gamma_1} f(z)\,dz = \int_{\Gamma'} f(z)\,dz$$

und

$$\int_{\Gamma_2} f(z)\,dz = \int_{\Gamma''} f(z)\,dz.$$

Andererseits ist

$$\int_{\Gamma'} f(z)\,dz + \int_{\Gamma''} f(z)\,dz = \int_{\Gamma} f(z)\,dz.$$

Hieraus folgt

$$\int_{\Gamma} f(z)\,dz = \int_{\Gamma_1} f(z)\,dz + \int_{\Gamma_2} f(z)\,dz.$$

Analoge Überlegungen führen im Fall von N Löchern $G_1, G_2, \ldots, G_N$ auf die Formel

$$\int_{\Gamma} f(z)\,dz = \sum_{k=1}^{N} \int_{\Gamma_k} f(z)\,dz; \qquad (1)$$

hiebei umkreist die Kurve Γ_k, $k = 1, 2, \ldots, N$, das Loch G_k einmal im positiven Sinn (wobei Γ_k kein anderes Loch umkreist) und die Kurve Γ umkreist alle Löcher zusammen einmal im positiven Sinn.

Formel (1) gilt natürlich insbesondere in dem Fall, wo die Löcher auf Punkte $z_1, \ldots, z_N$ zusammenschrumpfen, d.h., wo f in den Punkten $z_1, \ldots, z_N$ isolierte Singularitäten besitzt. Es besteht dann zwischen den Integralen rechts in (1) und den Laurent-Reihen von f um $z_1, \ldots, z_N$ ein Zusammenhang. Sei

$$f(z) = \sum_{n=-\infty}^{\infty} c_n (z - z_k)^n, \qquad 0 < |z - z_k| < r,$$

die Laurent-Reihe von f um den Punkt z_k herum. Gemäss Satz 5.6a berechnen sich die Koeffizienten c_n nach der Formel

$$c_n = \frac{1}{2\pi i} \int_{\Gamma_k} \frac{f(z)}{(z - z_k)^{n+1}} \, dz, \qquad n = 0, \pm 1, \pm 2, \ldots$$

Insbesondere ist

$$c_{-1} = \frac{1}{2\pi i} \int_{\Gamma_k} f(z) \, dz.$$

Somit gilt für das Integral längs Γ_k in (1)

$$\int_{\Gamma_k} f(z) \, dz = 2\pi i \cdot c_{-1}.$$

Der Koeffizient c_{-1} der Laurent-Reihe spielt also offenbar eine Spezialrolle.

DEFINITION. *Die Funktion f besitze im Punkt a eine isolierte Singularität. f kann dann in einer Umgebung von a*

durch eine Laurent–Reihe dargestellt werden:

$$f(z) = \sum_{n=-\infty}^{\infty} c_n (z-a)^n, \quad 0 < |z-a| < r.$$

*Die komplexe Zahl c_{-1} (d.h. der Koeffizient von $1/(z-a)$) heisst das **Residuum** von f im Punkt a; wir verwenden dafür die symbolischen Schreibweisen*

$$\operatorname{Res} f(a), \quad \operatorname{Res} f(z)|_{z=a}.$$

Bemerkung. Man beachte, dass sich der Begriff des Residuums auf diejenige Laurent–Reihe von f mit dem Entwicklungspunkt a bezieht, die in der unmittelbaren Umgebung von a gültig ist, und nicht etwa auf irgendeine in einem beliebigen Kreisring $0 < r_1 < |z-a| < r_2$.

Mit dem Residuumbegriff kann jetzt Formel (1) im Fall isolierter Singularitäten folgendermassen gefasst werden:

SATZ 5.8a (Residuensatz). *Die Funktion f sei bis auf isolierte Singularitäten in dem einfach zusammenhängenden Gebiet G analytisch. Γ sei eine einfach geschlossene, positiv orientierte Kurve in G, die durch keine der isolierten Singularitäten von f hindurchgeht. Dann gilt*

$$\int_{\Gamma} f(z)\,dz = 2\pi i \sum_{k=1}^{N} \operatorname{Res} f(z_k), \qquad (2)$$

wobei $z_1, \ldots, z_N$ die innerhalb Γ liegenden Singularitäten von f sind.

Bemerkung. Falls innerhalb Γ keine Singularitäten von f liegen, bekommen wir aus (2) wieder den Cauchyschen Integralsatz

$$\int_{\Gamma} f(z)\,dz = 0$$

heraus.

Wir werden in den nachfolgenden Beispielen sehen, dass der Residuensatz auf vielfältige Weise zur Auswertung bestimmter Integrale (insbesondere auch reeller uneigentlicher Integrale) verwendet werden kann. Dabei wird aber etwas Fertigkeit im Bestimmen des Residuums benötigt. Man kann natürlich immer versuchen, die Laurent–Reihe um den entsprechenden Punkt herum herzustellen. In manchen Fällen jedoch gibt es einfachere Methoden.

Bestimmung des Residuums in einem Pol erster Ordnung. Ist a ein Pol erster Ordnung von f, so hat die Laurent–Reihe von f um a herum die Gestalt

$$f(z) = \frac{c_{-1}}{z-a} + c_0 + c_1(z-a) + \cdots$$

In einer Umgebung von a besteht demnach die Identität

$$(z-a)f(z) = c_{-1} + c_0(z-a) + c_1(z-a)^2 + \cdots$$

Für $z \to a$ erhalten wir hieraus

$$c_{-1} = \lim_{z \to a} (z-a)f(z).$$

Es gilt also:

SATZ 5.8 b. *Hat die Funktion f im Punkt a einen Pol erster Ordnung, so ist*

$$\operatorname{Res} f(a) = \lim_{z \to a} (z-a)f(z) \qquad (3)$$

Formel (3) hat vor allem im folgenden Fall praktische Bedeutung: Die Funktion f lasse sich in der Form

$$f(z) = \frac{p(z)}{q(z)}$$

schreiben, wo p und q analytische Funktionen sind und q im Punkt a eine einfache Nullstelle hat (d.h., es ist $q(a)=0$, $q'(a) \neq 0$). Wir haben dann

$$\lim_{z \to a} (z-a)f(z) = \lim_{z \to a} (z-a)\frac{p(z)}{q(z)}$$

$$= \lim_{z \to a} \frac{p(z)}{\dfrac{q(z)-q(a)}{z-a}} = \frac{p(a)}{q'(a)}.$$

Aus der Tatsache, dass der Grenzwert $\lim_{z \to a} (z-a)f(z)$ existiert (und einen endlichen Wert hat), folgt, dass der Punkt a entweder Pol erster Ordnung oder hebbare Singularität von f ist, und zwar ist a genau dann hebbare Singularität, wenn $p(a)=0$. Wegen (3) ergibt sich also damit folgendes

KOROLLAR *zu Satz 5.8b. Sei $f: z \to f(z) = p(z)/q(z)$, wobei die Funktionen p und q in einer Umgebung des Punktes a analytisch sind und q in a eine einfache Nullstelle hat. Falls $p(a) \neq 0$, ist a ein Pol erster Ordnung von f mit*

$$\operatorname{Res} f(a) = \frac{p(a)}{q'(a)}; \tag{4}$$

falls $p(a) = 0$, ist a eine hebbare Singularität von f.

BEISPIELE
① Sei

$$f: z \to \frac{1}{1+z^2}.$$

Welches ist das Residuum von f im Punkt $z=i$? Die Funktion f ist von der Form p/q mit $p(z):=1$, $q(z):=1+z^2$. Damit erhalten wir nach (4)

$$\operatorname{Res} f(i) = \frac{1}{2z}\bigg|_{z=i} = \frac{1}{2i}.$$

Wir zeigen jetzt anhand einiger einfacher Beispiele, wie der Residuensatz auf mannigfache Weise zur Berechnung bestimmter Integrale benutzt werden kann.

② Das uneigentliche Integral

$$I := \int_{-\infty}^{\infty} \frac{1}{1+x^2}\,dx$$

ist zu bestimmen. Wir setzen für beliebiges $R > 0$

$$I_R := \int_{-R}^{R} \frac{1}{1+x^2}\,dx.$$

Es ist dann

$$I = \lim_{R \to \infty} I_R.$$

Wir können das Integral I_R auffassen als Integral der analytischen Funktion

$$f : z \to \frac{1}{1+z^2}$$

längs der Strecke von $-R$ bis R auf der reellen Achse. Bezeichnen wir diese Strecke mit Γ', so haben wir also

$$I_R = \int_{\Gamma'} \frac{1}{1+z^2}\,dz.$$

Wir schlagen jetzt über der Strecke Γ' einen Halbkreis Γ'' (s. Fig. 5.8c) und setzen

$$J_R := \int_{\Gamma''} \frac{1}{1+z^2}\,dz.$$

Bezüglich der Kurve $\Gamma := \Gamma' + \Gamma''$ gilt dann offensichtlich

$$\int_{\Gamma} \frac{1}{1+z^2}\,dz = I_R + J_R$$

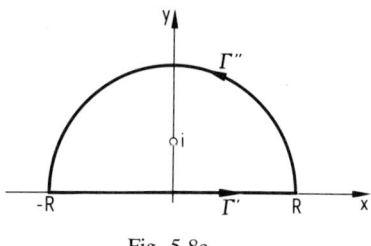

Fig. 5.8c

oder also

$$I_R = \int_\Gamma \frac{1}{1+z^2}\,dz - J_R,$$

und somit ist, vorausgesetzt die Grenzwerte existieren,

$$I = \lim_{R\to\infty} I_R = \lim_{R\to\infty} \int_\Gamma \frac{1}{1+z^2}\,dz - \lim_{R\to\infty} J_R. \qquad (5)$$

Wir untersuchen zunächst das Integral J_R. Für $R>1$ gilt auf Γ''

$$|1+z^2| \geq R^2 - 1,$$

also

$$\left|\frac{1}{1+z^2}\right| \leq \frac{1}{R^2-1}.$$

Da die Kurve Γ'' die Länge πR hat, erhalten wir daher gemäss Abschätzungsformel (4), Abschnitt 5.1,

$$|J_R| = \left|\int_{\Gamma''} \frac{1}{1+z^2}\,dz\right| \leq \frac{\pi R}{R^2-1}.$$

Hieraus folgt aber

$$\lim_{R\to\infty} J_R = 0. \qquad (6)$$

Das Integral

$$\int_\Gamma \frac{1}{1+z^2}\,dz$$

berechnen wir mit dem Residuensatz. Für $R>1$ besitzt der Integrand $f: z \to 1/(1+z^2)$ innerhalb Γ genau eine Singularität, nämlich im Punkt $z=i$. In Beispiel ① fanden wir

$$\text{Res } f(i) = \frac{1}{2i}.$$

Der Residuensatz liefert uns nun

$$\int_\Gamma \frac{1}{1+z^2}\,dz = 2\pi i \frac{1}{2i} = \pi$$

(der Wert des Integrals ist von R unabhängig), also insbesondere

$$\lim_{R\to\infty} \int_\Gamma \frac{1}{1+z^2}\,dz = \pi.$$

Mit (5) und (6) ergibt sich damit

$$I = \int_{-\infty}^{\infty} \frac{1}{1+x^2}\,dx = \pi.$$

Wir hätten dieses Ergebnis auch mit elementaren Methoden gewinnen können. Bekanntlich gilt

$$\int \frac{1}{1+x^2}\,dx = \text{Arctg } x + \text{const.}$$

und folglich

$$\int_{-\infty}^{\infty} \frac{1}{1+x^2}\,dx = \text{Arctg } x \Big|_{-\infty}^{\infty} = \frac{\pi}{2} - \left(-\frac{\pi}{2}\right) = \pi.$$

Wir bringen jetzt ein Beispiel, wo der elementare Weg nicht mehr ganz so einfach ist.

③ Wir ermitteln den Wert des Integrals

$$\int_0^\infty \frac{1}{x^4+4}\,dx.$$

Da der Integrand eine gerade Funktion ist, hat das Integral den Wert $I/2$, wenn wir

$$I := \lim_{R\to\infty} I_R,$$
$$I_R := \int_{-R}^{R} \frac{1}{x^4+4}\,dx$$

setzen.

Zur Berechnung von I gehen wir gleich wie in Beispiel ② vor, wobei wir dieselben Bezeichnungen benutzen. Wir haben demnach

$$I_R = \int_\Gamma \frac{1}{z^4+4}\,dz - J_R.$$

Wiederum gilt

$$\lim_{R\to\infty} J_R = 0.$$

(Wie man sich leicht überlegt, ist dies übrigens immer der Fall, wenn der Integrand für $z\to\infty$ schneller gegen Null geht, als $1/z$.) Das Integral

$$\int_\Gamma \frac{1}{z^4+4}\,dz$$

kann wieder mit Hilfe des Residuensatzes bestimmt werden. Der Integrand

$$f:z \to \frac{1}{z^4+4}$$

besitzt Pole in den vier Punkten $z = \pm 1 \pm i$, alle erster Ordnung. Dabei liegen für $R > \sqrt{2}$ die beiden Pole $z = \pm 1 + i$ innerhalb Γ. Wir bestimmen die Residuen von f in diesen Polen unter Anwendung von Formel (4):

$$\operatorname{Res} \left.\frac{1}{z^4+4}\right|_{z=1+i} = \left.\frac{1}{4z^3}\right|_{z=1+i} = \frac{1}{4(1+i)^3}$$

$$= \frac{1+i}{4(1+i)^4} = -\frac{1+i}{16},$$

$$\operatorname{Res} \left.\frac{1}{z^4+4}\right|_{z=-1+i} = \left.\frac{1}{4z^3}\right|_{z=-1+i} = \frac{1}{4(-1+i)^3}$$

$$= \frac{-1+i}{4(-1+i)^4} = -\frac{-1+i}{16}.$$

Mit dem Residuensatz erhalten wir nun

$$\int_\Gamma \frac{1}{z^4+4}\,dz = 2\pi i\left(-\frac{1+i}{16} - \frac{-1+i}{16}\right) = \frac{\pi}{4}.$$

Somit ergibt sich

$$I = \lim_{R\to\infty} I_R = \frac{\pi}{4}.$$

Also ist schliesslich

$$\int_0^\infty \frac{1}{x^4+4}\,dx = \frac{\pi}{8}.$$

④ Sei $a > 0$ und $\omega > 0$. Wir wollen

$$\int_{-\infty}^\infty \frac{e^{i\omega x}}{x^2+a^2}\,dx$$

bestimmen. (Es ist dies die Fourier–Transformierte der Funktion $x \to 1/(x^2+a^2)$.) Dabei gehen wir wieder wie bei den Beispielen ② und ③ vor. Unter Benutzung der gleichen

Bezeichnungen ist

$$I_R := \int_{-R}^{R} \frac{e^{i\omega x}}{x^2+a^2} dx, \qquad J_R := \int_{\Gamma''} \frac{e^{i\omega z}}{z^2+a^2} dz$$

und

$$I_R = \int_{\Gamma} \frac{e^{i\omega z}}{z^2+a^2} dz - J_R. \tag{7}$$

Wir schätzen J_R auf Γ'' ab. Für $z = x + iy \in \Gamma''$ ist $y \geq 0$, so dass

$$|e^{i\omega z}| = |e^{i\omega(x+iy)}| = |e^{i\omega x} e^{-\omega y}| = e^{-\omega y} \leq 1,$$

und somit haben wir, da $|z^2+a^2| \geq R^2 - a^2$ auf Γ'',

$$\left|\frac{e^{i\omega z}}{z^2+a^2}\right| \leq \frac{1}{R^2-a^2}.$$

Gemäss Abschätzungsformel (4), Abschnitt 5.1, gilt demnach

$$|J_R| \leq \frac{\pi R}{R^2-a^2}$$

und folglich

$$\lim_{R \to \infty} J_R = 0. \tag{8}$$

Zur Berechnung von

$$\int_{\Gamma} \frac{e^{i\omega z}}{z^2+a^2} dz$$

wenden wir den Residuensatz an. Einzige Singularität des Integranden

$$f: z \to \frac{e^{i\omega z}}{z^2+a^2}$$

innerhalb Γ ist ein Pol erster Ordnung an der Stelle $z = ia$. Unter Verwendung von Formel (4) finden wir

$$\operatorname{Res} f(ia) = \operatorname{Res} \left. \frac{e^{i\omega z}}{z^2 + a^2} \right|_{z=ia} = \frac{e^{-\omega a}}{2ia},$$

und der Residuensatz liefert damit

$$\int_\Gamma \frac{e^{i\omega z}}{z^2 + a^2}\,dz = \frac{\pi}{a} e^{-\omega a}. \tag{9}$$

Für $R \to \infty$ bekommen wir nun mit (8) und (9) aus (7)

$$\int_{-\infty}^{\infty} \frac{e^{i\omega x}}{x^2 + a^2}\,dx = \frac{\pi}{a} e^{-\omega a},$$

wobei $a > 0$, $\omega > 0$. Es würde einige Schwierigkeiten bereiten, wollte man dieses Integral durch Aufsuchen einer Stammfunktion gewinnen.

⑤ Sei $0 < a < 1$. Es soll der Wert des Integrals

$$I := \frac{1}{2\pi} \int_0^{2\pi} \frac{1}{1 + a \sin \phi}\,d\phi$$

berechnet werden. Mit

$$\sin \phi = \frac{1}{2i}(e^{i\phi} - e^{-i\phi})$$

wird

$$I = \frac{1}{2\pi} \int_0^{2\pi} \frac{1}{1 + \dfrac{a}{2i}(e^{i\phi} - e^{-i\phi})}\,d\phi.$$

Wir setzen jetzt $z := e^{i\phi}$. Wenn ϕ die Strecke von 0 bis 2π auf der reellen Achse durchläuft, so durchläuft z im positiven Sinn den Einheitskreis, den wir mit Γ bezeichnen wollen.

Wegen
$$ie^{i\phi}\,d\phi = dz$$
oder also
$$d\phi = \frac{1}{iz}\,dz$$

hat nun I die Gestalt

$$I = \frac{1}{2\pi i}\int_\Gamma \frac{\frac{1}{z}}{1+\frac{a}{2i}\left(z-\frac{1}{z}\right)}\,dz = \frac{1}{2\pi i}\int_\Gamma \frac{2i}{a(z^2-1)+2iz}\,dz.$$

Der Integrand ist eine rationale Funktion, die Pole sind die Lösungen der quadratischen Gleichung

$$az^2 + 2iz - a = 0$$

d.h., wir haben die zwei Pole

$$z_{1,2} := \frac{1}{a}(-i \pm \sqrt{-1+a^2}) = \frac{i}{a}(-1 \pm \sqrt{1-a^2}).$$

Da $z_1 \cdot z_2 = -1$ (Satz von Vieta), liegt nur ein Pol, nämlich

$$z_1 := \frac{i}{a}(-1 + \sqrt{1-a^2}),$$

innerhalb Γ. Mit Formel (4) erhalten wir

$$\operatorname{Res} \frac{2i}{a(z^2-1)+2iz}\bigg|_{z=z_1} = \frac{2i}{2az_1+2i} = \frac{1}{\sqrt{1-a^2}}.$$

Damit ergibt sich nun nach dem Residuensatz (wenn wir berücksichtigen, dass I den Faktor $1/2\pi i$ enthält)

$$I = \frac{1}{2\pi} \int_0^{2\pi} \frac{1}{1 + a \sin \phi} \, d\phi = \frac{1}{\sqrt{1 - a^2}}.$$

⑥ Sei $0 < \alpha < 1$. Dann existiert das Integral

$$I := \int_0^\infty \frac{1}{x^\alpha (1 + x)} \, dx.$$

I ist sowohl an der oberen als auch an der unteren Grenze uneigentlich. Welches ist der Wert von I? Wir betrachten das komplexe Integral

$$\int_\Gamma \frac{1}{z^\alpha (1 + z)} \, dz \tag{10}$$

mit dem in Fig. 5.8d eingezeichneten geschlossenen Integrationsweg $\Gamma = \Gamma_1 + \Gamma_2 + \Gamma_3 + \Gamma_4$. Der Integrand in (10) ist innerhalb Γ bis auf einen Pol erster Ordnung im Punkt $z = -1$ analytisch, wenn wir

$$z^\alpha := |z|^\alpha e^{i\alpha\phi},$$

wo

$$\phi := \arg z, \qquad 0 \le \phi < 2\pi,$$

definieren.

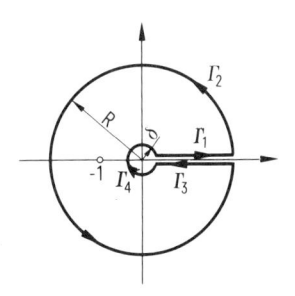

Fig. 5.8d

Wir setzen

$$I_k := \int_{\Gamma_k} \frac{1}{z^\alpha(1+z)}\,dz, \qquad k=1,2,3,4.$$

Offenbar gilt

$$\lim_{\substack{R\to\infty \\ \delta\to 0}} I_1 = I. \tag{11}$$

Zudem zeigen einfache Abschätzungen, dass

$$\lim_{R\to\infty} I_2 = 0, \qquad \lim_{\delta\to 0} I_4 = 0. \tag{12}$$

Es bleibt das Integral I_3 zu bestimmen. Wir führen I_3 auf das Integral I_1 zurück. Zunächst parametrisieren wir den Integrationsweg $-\Gamma_3$:

$$-\Gamma_3: t \to z(t) := t, \qquad \delta \le t \le R.$$

Da Γ_3 das untere Ufer des Schnittes bildet, haben wir auf Γ_3

$$z^\alpha = |z|^\alpha e^{2\pi i\alpha},$$

und somit berechnet sich I_3 zu

$$I_3 = -\int_\delta^R \frac{e^{-2\pi i\alpha}}{t^\alpha(1+t)}\,dt = -e^{-2\pi i\alpha} I_1. \tag{13}$$

Mit (11), (12) und (13) erhalten wir nun

$$\lim_{\substack{R\to\infty \\ \delta\to 0}} \int_\Gamma \frac{1}{z^\alpha(1+z)}\,dz = I(1 - e^{-2\pi i\alpha}). \tag{14}$$

Wir müssen jetzt noch das Integral (10) mittels des Residuensatzes auswerten. Für den Pol $z = -1$ gilt

$$\operatorname{Res} \frac{1}{z^\alpha(1+z)}\bigg|_{z=-1} = \operatorname{Res} \frac{z^{-\alpha}}{1+z}\bigg|_{z=-1} = e^{-i\alpha\pi},$$

so dass sich

$$\int_\Gamma \frac{1}{z^\alpha(1+z)}\,dz = 2\pi i e^{-i\alpha\pi}$$

ergibt. Dies in (14) eingesetzt, liefert schliesslich

$$I = \frac{2\pi i}{1-e^{-2\pi i\alpha}} e^{-i\alpha\pi} = \pi \frac{2i}{e^{i\alpha\pi}-e^{-i\alpha\pi}}$$

oder also

$$I = \int_0^\infty \frac{1}{x^\alpha(1+x)}\,dx = \frac{\pi}{\sin\alpha\pi}.$$

Aus dem Resultat ist direkt abzulesen, dass I für $\alpha \to 0$ und $\alpha \to 1$ divergent ist.

AUFGABEN

1. Bestimme die Partialbruchzerlegung der rationalen Funktion

$$z \to r(z) := \frac{4z^3}{z^4+4}$$

durch Ermittlung der Residuen.

2. Sei $\{a_n\}$ die Folge der durch

$$a_0 = a_1 = 1, \qquad a_{n+1} = a_n + a_{n-1} \quad \text{für} \quad n = 1, 2, 3, \ldots$$

definierten sogenannten Fibonaccischen Zahlen. Es sei

$$f: z \to f(z) := \sum_{n=0}^\infty a_n z^n$$

gesetzt.

(a) Durch Ausmultiplizieren zeige man, dass

$$(1-z-z^2)f(z) = 1$$

gilt und folglich

$$f(z) = \frac{1}{1-z-z^2}.$$

(b) Man ermittle die Hauptteile der Funktion f in ihren beiden Polen.

(c) Man bestimme die Taylor–Reihe von f im Punkt $z = 0$, indem man die Hauptteile von f nach Potenzen von z entwickelt (geometrische Reihe!). Welche Formel ergibt sich hieraus für die Fibonaccischen Zahlen?

(d) Man zeige:

$$\lim_{n \to \infty} \frac{a_{n+1}}{a_n} = \frac{1+\sqrt{5}}{2}.$$

(e) Sei Γ der positiv durchlaufene Einheitskreis. Man berechne

$$\int_\Gamma f(z)\,dz.$$

(f) Durch Benutzung von Sätzen über komplexe Integration zeige man ohne Rechnung: Die Summe der Residuen von f ist Null.

3. Man berechne den Wert des Integrals

$$\int_\Gamma \frac{1}{1+z^2}\,dz$$

längs der in Fig. 5.8e gezeichneten Achterschlaufe Γ mittels Residuenrechnung.

4. Es bezeichne Γ das gleichseitige Dreieck mit dem Umkreis $|z| = 2$ und einem Eckpunkt bei $z = 2i$. Welchen Wert hat das Integral

$$I := \int_\Gamma \frac{z^2}{z^6+8}\,dz,$$

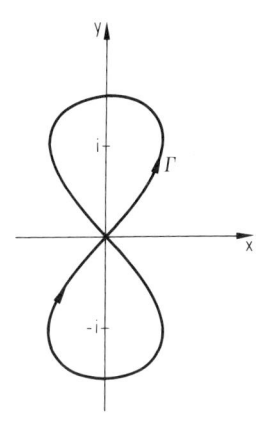

Fig. 5.8e

wenn der Integrationsweg Γ im Uhrzeigersinn durchlaufen wird?

5. Es sei Γ der im positiven Sinn durchlaufene, kreuzförmige Weg mit den Ecken bei $3/2 + i/2$, $1/2 + i/2$, $1/2 + 3i/2$, dann symmetrisch fortgesetzt (s. Fig. 5.8f). Man berechne

$$I := \frac{1}{i\pi} \int_\Gamma \frac{z^3}{z^8 - 16} \, dz.$$

6. Sei $R > 1$, Γ die in Fig. 5.8g skizzierte geschlossene Kurve und

$$f : z \longrightarrow \frac{1}{z^2 - 1}.$$

(a) Welchen Wert hat

$$\int_\Gamma f(z) \, dz\, ?$$

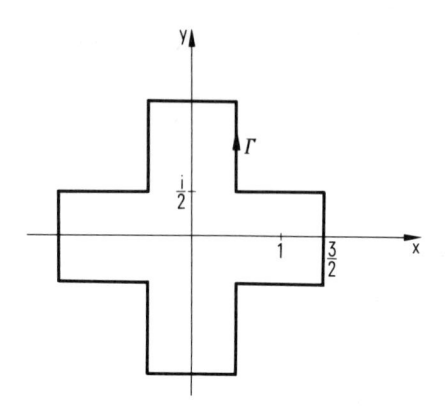

Fig. 5.8f

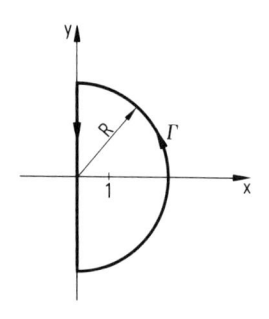

Fig. 5.8g

(b) Auf dem Halbkreisstück von Γ gilt

$$|f(z)| = |f(Re^{i\phi})| \le \frac{1}{R^2-1}, \qquad -\frac{\pi}{2} \le \phi \le \frac{\pi}{2}.$$

Welchen Wert hat demnach das Integral von f längs der ganzen von unten nach oben durchlaufenen imaginären Achse?

7. Es sei Γ die im positiven Sinn durchlaufene Ellipse
$$\frac{x^2}{25}+\frac{y^2}{9}=1.$$
Welchen Wert hat das Integral
$$I:=\int_\Gamma \frac{32z}{z^4-256}\,dz\,?$$

8. Es sei f eine in der ganzen Ebene analytische Funktion, und es seien z_1, z_2 zwei verschiedene komplexe Zahlen. Man berechne den Wert des Integrals
$$I:=\frac{1}{2\pi i}\int_\Gamma \frac{f(z)}{(z-z_1)(z-z_2)}\,dz,$$
wo Γ die Punkte z_1 und z_2 einmal im positiven Sinn umläuft.

9. Es sei p ein Polynom vom Grad $n>1$, und es sei Γ eine einfach geschlossene Kurve, die sämtliche Nullstellen von p in ihrem Innern enthält. Man beweise:
$$\int_\Gamma \frac{1}{p(z)}\,dz=0.$$
Gilt dieser Satz auch für Polynome vom Grad $n=1$?

10. Man bestimme den Wert des Integrals
$$I:=\int_0^{2\pi} \sin\phi\,d\phi$$
mit Hilfe der Residuenrechnung. (Tip: Durch die Substitution $z:=e^{i\phi}$ erhält man ein Integral längs einer geschlossenen Kurve.)

11. Man berechne mit Hilfe des Residuensatzes

(a) $\int_0^{2\pi} \cos^4\phi\,d\phi$,

(b) $I_n:=\int_0^{2\pi} \cos^{2n}\phi\,d\phi, \qquad n=1,2,3,\ldots$

(Tip: s. Aufgabe 10.)

12. Sei $0 < \varepsilon < 1$. In ebenen Polarkoordinaten (ρ, ϕ) stellt die Kurve

$$\phi \to \rho(\phi) := \frac{1}{1 - \varepsilon \cos \phi}$$

eine Ellipse dar. Man berechne den Flächeninhalt der Ellipse durch Auswertung der Flächenformel

$$F = \frac{1}{2} \int_0^{2\pi} [\rho(\phi)]^2 \, d\phi$$

mittels Residuenrechnung. Kontrolle durch $F = \pi ab$!

(Anleitung: Durch die Substitution $z := e^{i\phi}$ geht das Integral in ein Integral längs des Einheitskreises über. Der Integrand besitzt im Innern des Einheitskreises einen Pol z_1 der Ordnung 2. Man berechne das Residuum, indem man den Nenner in Linearfaktoren zerlegt und nach Potenzen von $h := z - z_1$ entwickelt.)

13. Bestimme

$$I := \int_0^{2\pi} \cos e^{i\phi} \, d\phi$$

mit Hilfe des Residuenkalküls.

14. Bestimme mittels Residuenrechnung

(a) $\int_{-\infty}^{\infty} \frac{1}{x^2 - 6x + 12} \, dx$, (b) $\int_{-\infty}^{\infty} \frac{1+x}{1+x^3} \, dx$.

15. Sei $a > 0$, $\omega > 0$. Man ermittle den Wert des Integrals

$$\int_{-\infty}^{\infty} \frac{x \sin \omega x}{x^2 + a^2} \, dx.$$

(Hinweis: $\sin \omega x = \operatorname{Im} e^{i\omega x}$.)

16. Sei $a > 0$, $\omega > 0$. Man berechne

$$\int_0^\infty \frac{\cos \omega x}{x^4 + a^4}\, dx.$$

17. Mit Hilfe der Residuenrechnung bestimme man die Integrale

$$I_n := \int_{-\infty}^\infty \frac{1}{x^{2n} + 1}\, dx, \qquad n = 1, 2, 3, \ldots$$

Man beachte insbesondere die Spezialfälle $n = 1$, $n \to \infty$.

(Hinweis: Zur Berechnung der Residuen berücksichtige man, dass

$$z^{2n} + 1 = 0 \Rightarrow z^{2n-1} = -\frac{1}{z} \Rightarrow \frac{1}{z^{2n-1}} = -z.$$

Die Residuen bilden eine geometrische Folge und können daher in geschlossener Form summiert werden.)

18. Sei $a > 0$. Mittels Residuenrechnung zeige man, dass

$$\int_{-\infty}^\infty \frac{\operatorname{Log} \sqrt{a^2 + x^2}}{1 + x^2}\, dx = \operatorname{Log}(1 + a).$$

(Anleitung: Man betrachte das Integral

$$\int_\Gamma \frac{\operatorname{Log}(z + ia)}{1 + z^2}\, dz$$

längs eines geeigneten Weges Γ.)

6 Die Laplace-Transformation

6.1. *Die Operatorenmethode*

Wir betrachten in diesem Kapitel Funktionen
$$F: t \to F(t)$$
einer *reellen* Variablen t; die Funktionswerte $F(t)$ können reell oder komplex sein. Bei physikalischen Anwendungen hat t meist die Bedeutung der Zeit. Dementsprechend ist F meist für alle reellen t definiert.

Als einer der Ersten hat der englische Physiker Oliver Heaviside (1850–1925) die Operatorenmethode zur Lösung elektrotechnischer Probleme angewandt. Die Idee der Operatorenmethode besteht darin, dass man den Differentialoperator $\mathrm{d}/\mathrm{d}t$ durch das Symbol p ersetzt,

$$p := \frac{\mathrm{d}}{\mathrm{d}t},$$

und dann mit p wie mit einer Zahl rechnet. So bedeutet

$$p^2 = p \cdot p = \frac{\mathrm{d}}{\mathrm{d}t} \cdot \frac{\mathrm{d}}{\mathrm{d}t} = \frac{\mathrm{d}^2}{\mathrm{d}t^2}$$

und allgemein

$$p^n = \frac{\mathrm{d}^n}{\mathrm{d}t^n}, \qquad n = 1, 2, 3, \ldots \tag{1}$$

Mit dieser Symbolik bekommt z.B. eine lineare Differentialgleichung zweiter Ordnung

$$aY'' + bY' + cY = F(t),$$

a, b, c komplexe Konstanten, die Gestalt

$$ap^2 Y + bpY + cY = F(t),$$

oder, wenn wir Y ausklammern,

$$(ap^2 + bp + c)Y = F(t).$$

Welche Bedeutung ist $1/p$ zu geben? Die zur Differentiation inverse Operation ist die Integration. Man setzt dementsprechend

$$\frac{1}{p} := \int_0^t \cdots d\tau,$$

d.h.

$$\frac{1}{p} F(t) = \int_0^t F(\tau)\, d\tau.$$

Danach bedeutet insbesondere

$$\frac{1}{p} \cdot 1 = \int_0^t 1 \cdot d\tau = t,$$

$$\frac{1}{p^2} \cdot 1 = \frac{1}{p}\left(\frac{1}{p} \cdot 1\right) = \frac{1}{p} \cdot t = \int_0^t \tau\, d\tau = \frac{t^2}{2}$$

und allgemein

$$\frac{1}{p^n} \cdot 1 = \frac{t^n}{n!}, \qquad n = 1, 2, 3, \ldots \tag{2}$$

Bei der Operatorenmethode wird also die Differentiation durch die Multiplikation mit p, die Integration durch die Division durch p ersetzt. Es ist nun aber unklar, wie weit das Symbol p algebraischen Gesetzen genügt bzw. wie weit algebraische Ausdrücke in p einen Sinn ergeben. (Darf z.B. in obiger Differentialgleichung durch das Polynom $ap^2 + bp + c$ dividiert werden, und was würde dies bedeuten?) Um so mehr muss es deshalb überraschen, dass in vielen Fällen unbekümmertes Rechnen mit dem Symbol p auf das richtige Resultat führt. Wir demonstrieren dies anhand einer einfachen Differentialgleichung.

BEISPIEL. Wir betrachten die Differentialgleichung

$$Y' - Y = 1 \qquad (3a)$$

mit der Anfangsbedingung

$$Y(0) = 0. \qquad (3b)$$

In der neuen Schreibweise lautet die Differentialgleichung

$$pY - Y = 1 \qquad (4)$$

oder also

$$(p-1)Y = 1.$$

Indem wir nun die Gleichung nach Y auflösen, ergibt sich

$$Y = \frac{1}{p-1} \cdot 1.$$

Hier hat die rechte Seite vorerst keinen Sinn. Um ihr einen Sinn zu geben, entwickeln wir nach Potenzen von $1/p$ (als ob p eine Zahl >1 wäre):

$$\begin{aligned}
Y &= \frac{1}{p-1} \cdot 1 \\
&= \frac{1}{p} \frac{1}{1 - \frac{1}{p}} \cdot 1 \\
&= \frac{1}{p}\left(1 + \frac{1}{p} + \frac{1}{p^2} + \cdots\right) \cdot 1 \\
&= \left(\frac{1}{p} + \frac{1}{p^2} + \frac{1}{p^3} + \cdots\right) \cdot 1 \\
&= \frac{1}{p} \cdot 1 + \frac{1}{p^2} \cdot 1 + \frac{1}{p^3} \cdot 1 + \cdots
\end{aligned}$$

6.1. Die Operatorenmethode

Gemäss (2) bedeutet die letzte Zeile aber, dass

$$Y(t) = t + \frac{t^2}{2!} + \frac{t^3}{3!} + \cdots,$$

d.h.

$$Y(t) = e^t - 1.$$

Man verifiziert sofort, dass wir damit in der Tat die Lösung des Anfangswertproblems (3) gefunden haben.

Natürlich entbehrt obiges Vorgehen jeglicher logischer Grundlage. Was bedeutet denn z.B. eine unendliche Reihe von Operatoren? Warum haben wir ausgerechnet nach $1/p$ entwickelt und nicht z.B. nach p? (Bei Entwicklung nach p hätten wir $Y(t) \equiv -1$ erhalten, was zwar ebenfalls eine Lösung der Differentialgleichung (3a) darstellt, jedoch nicht die Anfangsbedingung (3b) erfüllt.)

Die erfolgreiche Anwendung der Operatorenmethode durch Heaviside (Heaviside hat sogar mit gebrochenen Potenzen von p gerechnet) führte in der Folge dazu, dass eine Reihe von Versuchen unternommen wurden, die Operatorenmethode auf eine feste Grundlage zu stellen. Die heute wohl bekannteste Begründung erfolgt durch die Theorie der Laplace-Transformation, wie wir sie im folgenden darlegen werden. Die Laplace-Transformation wurde u.a. durch G. Doetsch erschöpfend untersucht [2]. Während in der Theorie der Laplace-Transformation mit funktionentheoretischen Hilfsmitteln gearbeitet wird, hat J. Mikusiński einen ganz andersartigen Zugang zur Operatorenmethode aufgezeigt; Mikusiński gibt eine abstrakt algebraische Begründung [4]. (Für eine algebraische Begründung siehe auch L. Berg [1], G. Krabbe [3].)

[1] *L. Berg*, Einführung in die Operatorenrechnung, VEB Deutscher Verlag der Wissenschaften, Berlin 1965.

[2] G. Doetsch, Handbuch der Laplace-Transformation, Band I–III, Birkhäuser, Basel 1950, 1955, 1956.
[3] G. Krabbe, Operational calculus, Springer, Berlin 1970.
[4] J. Mikusiński, Operatorenrechnung, VEB Deutscher Verlag der Wissenschaften, Berlin 1957.

6.2. Die Laplace-Transformierte einer Originalfunktion

Es werden in diesem Abschnitt die grundlegenden Begriffe eingeführt.

DEFINITION. *Eine Funktion*

$$F: t \to F(t)$$

einer reellen Variablen t mit reellen oder komplexen Werten heisst eine **Originalfunktion**, *wenn F folgenden vier Bedingungen genügt:*

(i) *F ist auf der ganzen reellen Achse definiert:* $D(f) = (-\infty, \infty)$;
(ii) *F und die Ableitungen von F (soweit benötigt) sind bis auf Sprungstellen stetig, wobei es in jedem endlichen Intervall höchstens endlich viele Sprungstellen hat;*
(iii) *Für* $t < 0$ *gilt* $F(t) = 0$;
(iv) *F wächst für* $t \to \infty$ *höchstens exponentiell, d.h., es gibt eine reelle Konstante* σ *derart, dass*

$$|F(t)| \leq M e^{\sigma t} \quad \text{für alle} \quad t \geq 0, \tag{1}$$

wobei M eine geeignete positive Konstante ist.

Die Menge aller Originalfunktionen heisst **Originalraum** *der Laplace-Transformation.*

6.2. Die Laplace-Transformierte einer Originalfunktion

Bemerkungen

ad (ii): Unter einer *Sprungstelle* t_0 einer Funktion $F: t \to F(t)$ verstehen wir eine Stelle, wo der links- und der rechtsseitige Grenzwert

$$\lim_{\substack{t \to t_0 \\ t < t_0}} F(t), \quad \lim_{\substack{t \to t_0 \\ t > t_0}} F(t)$$

existieren, aber voneinander verschieden sind.

ad (iii): In der Technik wird die Laplace-Transformation vorwiegend zur Behandlung von Einschwingvorgängen benutzt: Ein System, das sich zunächst in Ruhelage befindet, wird plötzlich erregt. In solchen Fällen ist Bedingung (iii) von selbst erfüllt. Ist Bedingung (iii) nicht zum vornherein erfüllt, so kann man oft so tun, als ob sie es wäre. Z.B. interessiert bei einem Anfangswertproblem sehr oft nur das Verhalten der Lösung «in der Zukunft», d.h. für $t > 0$.

ad (iv): Gilt (1) für σ, so auch für jedes $\sigma' > \sigma$. Die kleinste Zahl σ_0 mit der Eigenschaft, dass (1) für jedes $\sigma > \sigma_0$ gilt, heisst der **Wachstumskoeffizient** von F. (Es kann sein, dass (1) für σ_0 selbst auch noch gilt, muss aber nicht.)

Bedingung (iv) ist bei den in der Anwendung vorkommenden Funktionen i.allg. erfüllt. Funktionen, die (iv) nicht erfüllen, sind z.B.

$$t \to e^{t^2},$$
$$t \to e^{e^t}.$$

BEISPIELE

① Die **Heavisidesche Sprungfunktion** ist definiert durch

$$H : t \to \begin{cases} 1 & \text{für } t \geq 0, \\ 0 & \text{für } t < 0. \end{cases}$$

Offenbar genügt H den Bedingungen (i) bis (iv). Insbesondere gilt (1) für jedes $\sigma \geq 0$. H ist somit eine Originalfunktion mit dem Wachstumskoeffizienten $\sigma_0 = 0$.

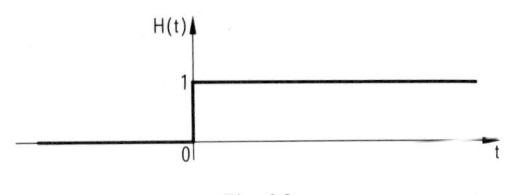

Fig. 6.2a

② Sei $n = 1, 2, 3, \ldots$ Die Funktion

$$F: t \to \begin{cases} t^n & \text{für} \quad t \geq 0, \\ 0 & \text{für} \quad t < 0 \end{cases}$$

ist eine Originalfunktion. Wir zeigen, dass (1) für jedes $\sigma > 0$ gilt. Bekanntlich haben wir für beliebiges $\sigma > 0$

$$\lim_{t \to \infty} t^n e^{-\sigma t} = 0.$$

Die Funktion $t \to t^n e^{-\sigma t}$ besitzt demnach im Intervall $0 \leq t < \infty$ ein Maximum M (M hängt von σ ab):

$$t^n e^{-\sigma t} \leq M \quad \text{für alle} \quad t \geq 0.$$

Hieraus folgt aber

$$t^n \leq M e^{\sigma t} \quad \text{für alle} \quad t \geq 0.$$

Also hat F den Wachstumskoeffizienten $\sigma_0 = 0$.

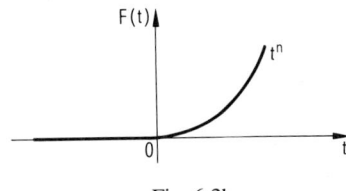

Fig. 6.2b

6.2. Die Laplace-Transformierte einer Originalfunktion 133

③ Sei a komplex, $a = \alpha + i\beta$ (α, β reell). Die Funktion

$$F: t \to \begin{cases} e^{at} = e^{\alpha t} e^{i\beta t} & \text{für} \quad t \geq 0, \\ 0 & \text{für} \quad t < 0 \end{cases}$$

ist eine Originalfunktion mit dem Wachstumskoeffizienten $\sigma_0 = \alpha$.

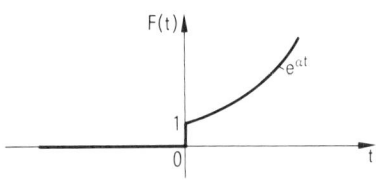

Fig. 6.2c

④ Sei ω_0 reell. Die Funktion

$$F: t \to \begin{cases} \sin \omega_0 t & \text{für} \quad t \geq 0, \\ 0 & \text{für} \quad t < 0 \end{cases}$$

ist eine Originalfunktion mit dem Wachstumskoeffizienten $\sigma_0 = 0$, ebenso die Funktion

$$F: t \to \begin{cases} \cos \omega_0 t & \text{für} \quad t \geq 0, \\ 0 & \text{für} \quad t < 0. \end{cases}$$

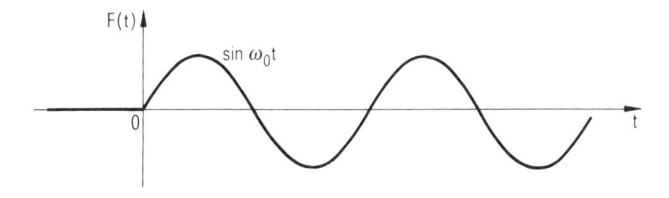

Fig. 6.2d

⑤ Die in Fig. 6.2e dargestellte Impulsfunktion $I: t \to I(t)$ mit der Periode T, der Impulsstärke A und der Impulsdauer T_1 ist eine Originalfunktion; der Wachstumskoeffizient ist $\sigma_0 = 0$.

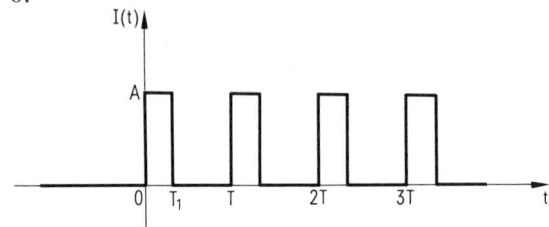

Fig. 6.2e

Wir werden im folgenden nicht jedes Mal ausdrücklich sagen, dass die betrachteten Funktionen für $t < 0$ Null sind. So reden wir z.B. von der «Originalfunktion»

$$F: t \to \cos \omega_0 t$$

und meinen damit die Funktion

$$F: t \to \begin{cases} \cos \omega_0 t & \text{für} \quad t \geq 0, \\ 0 & \text{für} \quad t < 0. \end{cases}$$

Es sei jetzt F eine Originalfunktion mit dem Wachstumskoeffizienten σ_0, und es bezeichne

$$s = \sigma + i\omega$$

eine komplexe Zahl. (Der Gebrauch der Buchstaben s für eine komplexe Zahl, σ und ω für deren Real- bzw. Imaginärteil (s. Fig. 6.2f) hat sich in der Literatur über die Laplace-Transformation weitgehend eingebürgert.)

Wir betrachten das Integral

$$\int_0^\infty e^{-st} F(t) \, dt. \tag{2}$$

6.2. Die Laplace-Transformierte einer Originalfunktion 135

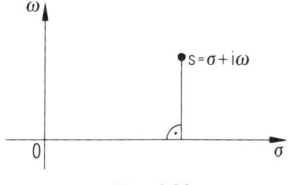

Fig. 6.2f

Wir behaupten: *Das Integral* (2) *existiert für alle komplexen Zahlen* $s = \sigma + i\omega$ *mit* $\sigma > \sigma_0$.

Beweis. Sei $s = \sigma + i\omega$ eine beliebige komplexe Zahl mit $\sigma > \sigma_0$. Gemäss Definition des Wachstumskoeffizienten σ_0 gilt für jedes $\sigma_1 > \sigma_0$ und eine geeignete positive Konstante M

$$|F(t)| \le M e^{\sigma_1 t} \quad \text{für alle} \quad t \ge 0.$$

Wir wählen nun ein σ_1 derart, dass $\sigma_0 < \sigma_1 < \sigma$. Der Integrand in (2) kann dann wie folgt abgeschätzt werden:

$$|e^{-st} F(t)| = |e^{-(\sigma + i\omega)t} F(t)| = e^{-\sigma t} |F(t)| \le e^{-\sigma t} M e^{\sigma_1 t} = M e^{-(\sigma - \sigma_1)t}.$$

Die Schranke $t \to M e^{-(\sigma - \sigma_1)t}$ lässt sich von 0 bis ∞ integrieren; man erhält so

$$\left| \int_0^\infty e^{-st} F(t)\, dt \right| \le \int_0^\infty |e^{-st} F(t)|\, dt$$

$$\le \int_0^\infty M e^{-(\sigma - \sigma_1)t}\, dt$$

$$= -\frac{M}{\sigma - \sigma_1} e^{-(\sigma - \sigma_1)t} \bigg|_0^\infty$$

$$= \frac{M}{\sigma - \sigma_1}. \tag{3}$$

Hieraus folgt aber die Existenz des Integrals (2).

Der Integrand in (2) hängt vom Parameter s ab. Wir können danach das Integral (2) als eine Funktion der komplexen Variablen s auffassen:

$$f : s \to \int_0^\infty e^{-st} F(t)\, dt.$$

Nach obigem ist f zumindest in der Halbebene $\operatorname{Re} s > \sigma_0$ erklärt. Man definiert jetzt:

DEFINITION. *Sei F eine Originalfunktion mit dem Wachstumskoeffizienten σ_0. Die komplexe Funktion*

$$f : s \to \int_0^\infty e^{-st} F(t)\, dt, \quad \operatorname{Re} s > \sigma_0,$$

heisst die **Laplace-Transformierte** *von F.*

Wir bezeichnen durchwegs eine Originalfunktion mit einem grossen Buchstaben und die zugehörige Laplace-Transformierte mit dem entsprechenden kleinen Buchstaben. Die Tatsache, dass f Laplace-Transformierte von F ist, stellen wir symbolisch auf folgende Weisen dar:

(i) mittels des Buchstabens $\mathscr{L}$:

$$f = \mathscr{L}[F]$$

oder

(ii) mittels des **Doetsch-Symbols** ○———●:

$$F \circ\!\!\!-\!\!\!-\!\!\!\bullet\, f \quad \text{oder} \quad f \bullet\!\!\!-\!\!\!-\!\!\!\circ\, F$$

(die Originalfunktion wird durch ○ symbolisiert, die Laplace-Transformierte durch ●).

Das Doetsch-Symbol ist insbesondere dann zweckmässig, wenn F und f durch explizite Formeln gegeben sind.

Man nennt die Laplace-Transformierte auch **Bildfunktion**

6.2. Die Laplace-Transformierte einer Originalfunktion

von F. Die Menge aller Laplace-Transformierten nennt man den **Bildraum**. Eine Beziehung

$$f = \mathscr{L}[F] \quad \text{bzw.} \quad F \circ\!\!-\!\!\!-\!\!\bullet f$$

heisst eine **Korrespondenz**, die Zuordnung

$$F \to f$$

heisst **Laplace-Transformation**.

Bei der Laplace-Transformation liegt ein analoger Sachverhalt vor wie bei einer Funktion: Eine Funktion ordnet einer *Zahl* (des Definitionsbereichs) eine *Zahl* (des Wertebereichs) zu (s. Fig. 6.2g). Durch die Laplace-Transformation wird einer *Funktion* (des Originalraumes) eine *Funktion* (des Bildraumes) zugeordnet (s. Fig. 6.2h).

Wir haben es also bei der Laplace-Transformation mit einer Abbildung einer Menge von Funktionen auf eine Menge von Funktionen zu tun. Eine solche Abbildung nennt man allgemein eine **Funktionaltransformation**. Erfolgt die Zuordnung wie hier durch eine Integration, so spricht man speziell von einer **Integraltransformation**.

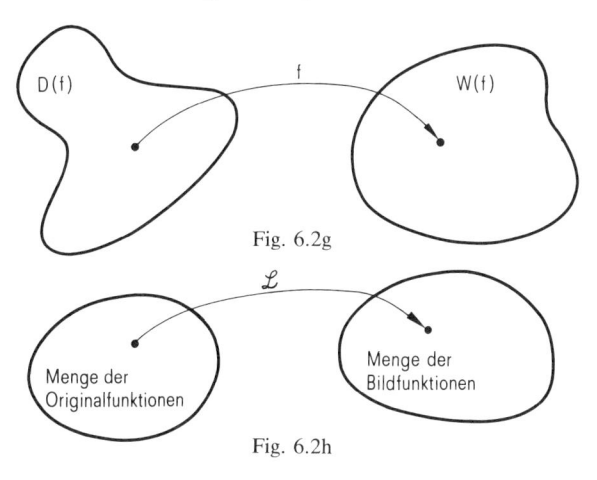

Fig. 6.2g

Fig. 6.2h

Die Laplace-Transformation besitzt folgende fundamentale Eigenschaft: Sind F, G zwei beliebige Originalfunktionen und a, b zwei beliebige komplexe Konstanten, so stellt $aF + bG$ ebenfalls eine Originalfunktion dar, und es gilt

$$\mathscr{L}[aF + bG] = a\mathscr{L}[F] + b\mathscr{L}[G]; \tag{4}$$

in Worten: *Eine Linearkombination von Originalfunktionen wird gliedweise transformiert.* Eine Funktionaltransformation mit dieser Eigenschaft heisst **linear**. Beziehung (4) ergibt sich unmittelbar aus der Definition der Laplace-Transformation.

Wir bestimmen jetzt die Laplace-Transformierten der in den Beispielen ① bis ⑤ gegebenen Originalfunktionen.

BEISPIELE

⑥ Als Laplace-Transformierte der Heavisideschen Sprungfunktion $H: t \to 1$ erhalten wir

$$\mathscr{L}[H(t)] = \int_0^\infty e^{-st} \cdot 1 \, dt = -\frac{1}{s} e^{-st} \Big|_0^\infty = \frac{1}{s} \quad \text{für} \quad \text{Re } s > 0.$$

Wir haben also die Korrespondenz

$$1 \circ\!\!-\!\!\!-\!\!\bullet \frac{1}{s}.$$

⑦ Die Laplace-Transformierte der Funktion $F: t \to t^n$, $n = 1, 2, 3, \ldots$, ist definitionsgemäss

$$f(s) = \int_0^\infty e^{-st} t^n \, dt, \quad \text{Re } s > 0.$$

Durch wiederholte partielle Integration ermittelt man für das Integral den Wert $n!/s^{n+1}$. Demnach besteht die Korrespondenz

$$t^n \circ\!\!-\!\!\!-\!\!\bullet \frac{n!}{s^{n+1}}, \quad n = 1, 2, 3, \ldots$$

6.2. Die Laplace-Transformierte einer Originalfunktion

⑧ Welches ist die Laplace-Transformierte der Funktion $F: t \to e^{at}$ mit $a = \alpha + i\beta$? Wir finden

$$f(s) = \int_0^\infty e^{-st} e^{at} \, dt = \int_0^\infty e^{-(s-a)t} \, dt$$

$$= -\frac{1}{s-a} e^{-(s-a)t} \Big|_0^\infty$$

$$= \frac{1}{s-a} \quad \text{für} \quad \text{Re } s > \alpha.$$

Es gilt also die Korrespondenz

$$e^{at} \circ\!\!-\!\!\bullet \frac{1}{s-a}.$$

⑨ Sei ω_0 reell. Es ist

$$\sin \omega_0 t = \frac{1}{2i} (e^{i\omega_0 t} - e^{-i\omega_0 t}).$$

Nach Beispiel ⑧ haben wir

$$e^{i\omega_0 t} \circ\!\!-\!\!\bullet \frac{1}{s - i\omega_0}, \qquad e^{-i\omega_0 t} \circ\!\!-\!\!\bullet \frac{1}{s + i\omega_0},$$

wobei $\text{Re } s > 0$. Wegen der Linearität der Laplace-Transformation ergibt sich damit

$$\sin \omega_0 t \circ\!\!-\!\!\bullet \frac{1}{2i} \left(\frac{1}{s - i\omega_0} - \frac{1}{s + i\omega_0} \right)$$

$$= \frac{1}{2i} \frac{2i\omega_0}{s^2 + \omega_0^2}$$

$$= \frac{\omega_0}{s^2 + \omega_0^2}.$$

Analog erhält man

$$\cos \omega_0 t = \frac{1}{2}(e^{i\omega_0 t} + e^{-i\omega_0 t}) \circ\!\!-\!\!\!-\!\!\bullet \frac{1}{2}\left(\frac{1}{s-i\omega_0} + \frac{1}{s+i\omega_0}\right)$$

$$= \frac{1}{2}\frac{2s}{s^2+\omega_0^2}$$

$$= \frac{s}{s^2+\omega_0^2}.$$

Wir haben also die beiden Korrespondenzen

$$\sin \omega_0 t \circ\!\!-\!\!\!-\!\!\bullet \frac{\omega_0}{s^2+\omega_0^2}, \qquad \cos \omega_0 t \circ\!\!-\!\!\!-\!\!\bullet \frac{s}{s^2+\omega_0^2}$$

herausbekommen.

⑩ Wir bestimmen schliesslich die Laplace-Transformierte der in Fig. 6.2e gezeigten Impulsfunktion $I: t \to I(t)$. Der n-te Impuls, $n = 0, 1, 2, \ldots$, liefert zur Laplace-Transformierten den Beitrag

$$\int_{nT}^{nT+T_1} e^{-st} A \, dt = -\frac{A}{s} e^{-st} \Big|_{nT}^{nT+T_1}$$

$$= \frac{A}{s}(e^{-snT} - e^{-s(nT+T_1)})$$

$$= \frac{A}{s} e^{-snT}(1 - e^{-sT_1}).$$

Indem wir nun über alle n summieren, erhalten wir die Laplace-Transformierte

$$\mathscr{L}[I(t)] = \sum_{n=0}^{\infty} \frac{A}{s} e^{-snT}(1 - e^{-sT_1})$$

$$= \frac{A}{s}(1 - e^{-sT_1}) \sum_{n=0}^{\infty} e^{-snT}.$$

6.2. Die Laplace-Transformierte einer Originalfunktion

Die Reihe ist eine geometrische Reihe mit dem Quotienten

$$q := e^{-sT}.$$

Für $\sigma = \operatorname{Re} s > 0$ ist

$$|q| = |e^{-sT}| = e^{-\sigma T} < 1,$$

so dass die Reihe für $\operatorname{Re} s > 0$ konvergiert. Es ergibt sich

$$\mathscr{L}[I(t)] = \frac{A}{s} \frac{1 - e^{-sT_1}}{1 - e^{-sT}}$$

oder also

$$I(t) \circ\!\!-\!\!\bullet \frac{A}{s} \frac{1 - e^{-sT_1}}{1 - e^{-sT}}.$$

Zur Kontrolle setzen wir $A = 1$, $T_1 = T$. $I(t)$ geht dann in die Heavisidesche Sprungfunktion über und die Bildfunktion – richtigerweise – in die Funktion $1/s$.

Tabelle von Korrespondenzen

$F(t)$		$f(s)$	σ_0
1		$\dfrac{1}{s}$	0
t^n	$(n = 1, 2, 3, \ldots)$	$\dfrac{n!}{s^{n+1}}$	0
e^{at}	(a komplex)	$\dfrac{1}{s - a}$	$\operatorname{Re} a$
$\sin \omega_0 t$	(ω_0 reell)	$\dfrac{\omega_0}{s^2 + \omega_0^2}$	0
$\cos \omega_0 t$	(ω_0 reell)	$\dfrac{s}{s^2 + \omega_0^2}$	0
$I(t)$	(s. Fig. 6.2e)	$\dfrac{A}{s} \dfrac{1 - e^{-sT_1}}{1 - e^{-sT}}$	0

Wir haben die obigen grundlegenden Korrespondenzen in einer Tabelle zusammengestellt. Für eine erfolgreiche Anwendung der Laplace-Transformation ist es wichtig, möglichst viele Korrespondenzen zu kennen. Nachstehende Werke enthalten umfangreiche Tabellen von Korrespondenzen:

[1] A. *Erdélyi*, Tables of Integral Transforms, vol. I, McGraw-Hill, New York 1954.
[2] F. *Oberhettinger* and L. *Badii*, Tables of Laplace-Transforms, Springer, Berlin 1973.

AUFGABEN

1. Sei a eine reelle oder komplexe Zahl. Man bestimme die Laplace-Transformierte der Originalfunktion

$$F: t \to t e^{at}.$$

(Hinweis: Partielle Integration!)

2. Man berechne die Laplace-Transformierte der Funktion

$$F: t \to \frac{1}{\sqrt{t}}, \qquad t > 0.$$

$\Big($Tip:

$$\int_0^\infty e^{-u^2} \, du = \frac{\sqrt{\pi}}{2}.\Big)$$

3. Man bestimme den Wachstumskoeffizienten σ_0 der nachstehenden Funktionen.
    (a) $F: t \to t^n e^{at}$, a beliebig komplex
    (b) $F: t \to e^{at} \cos bt$, a, b beliebig komplex
    (c) $F: t \to e^{-t^2}$
    (d) $F: t \to e^{\sqrt{t}}$
    (e) $F: t \to \cosh^2 t$

6.3. Analytische Eigenschaften der Laplace-Transformierten

Wir beschreiben jetzt einige allgemeine Eigenschaften der Laplace-Transformierten.

SATZ 6.3a. *Sei f die Laplace-Transformierte einer Originalfunktion mit dem Wachstumskoeffizienten σ_0. Dann ist f analytisch in der Halbebene $\operatorname{Re} s > \sigma_0$.*

Beweis (Skizze). Es sei f Laplace-Transformierte der Originalfunktion F:

$$f: s \to \int_0^\infty e^{-st} F(t)\, dt, \quad \operatorname{Re} s > \sigma_0. \tag{1}$$

Für festes t stellt der Integrand in (1) eine analytische Funktion in s dar, da ja die Funktion

$$s \to e^{s \cdot \text{const.}}$$

in der ganzen komplexen Ebene analytisch ist. Bei der Integration nach der Variablen t wird nun die Analytizität in s nicht zerstört. Der Grund hiefür liegt darin, dass eine Summe von analytischen Funktionen selbst wieder analytisch ist und somit die Näherungssummen des Integrals (1) analytische Funktionen in s sind.

Bemerkungen
1) Man erhält die Ableitung von f, indem man in (1) unter dem Integralzeichen nach s differenziert (d.h., man darf Integration und Differentiation vertauschen):

$$f'(s) = \int_0^\infty (-t) e^{-st} F(t)\, dt. \tag{2}$$

Gemäss Definition der Laplace-Transformierten bedeutet (2)

übrigens, dass
$$\mathscr{L}[-tF(t)] = f'(s);$$
wir werden darauf noch zurückkommen.

2) Satz 6.3a sagt aus, dass f in der rechten Halbebene Re $s > \sigma_0$ analytisch ist. Es kann nun durchaus sein, dass f in einem grösseren Gebiet analytisch ist. Im allgemeinen jedoch ist f in keiner grösseren rechten Halbebene analytisch. Betrachten wir z.B. die Korrespondenz

$$F(t) := \sin \omega_0 t \circ\!\!-\!\!\bullet \frac{\omega_0}{s^2 + \omega_0^2} =: f(s), \quad \omega_0 \text{ reell}.$$

Der Wachstumskoeffizient von F ist $\sigma_0 = 0$. Wie man sieht, ist die Bildfunktion f bis auf Pole an den beiden Stellen $s = \pm i\omega_0$ in der ganzen komplexen Ebene analytisch. Insbesondere ist f in der rechten Halbebene Re $s > 0$ analytisch, nicht aber in einer grösseren rechten Halbebene (s. Fig. 6.3a).

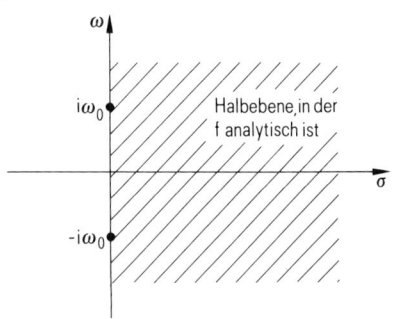

Fig. 6.3a

3) Die Tatsache, dass Laplace-Transformierte analytische Funktionen sind, ermöglicht uns, bei der Diskussion der Laplace-Transformation die machtvollen Hilfsmittel der komplexen Analysis einzusetzen.

6.3. Analytische Eigenschaften der Laplace-Transformierten

Eine weitere Eigenschaft der Laplace-Transformation ergibt sich unmittelbar aus Beziehung (3), Abschnitt 6.2. Danach gilt für die Laplace-Transformierte f einer Originalfunktion F mit dem Wachstumskoeffizienten σ_0, ein $\sigma_1 > \sigma_0$ und ein geeignetes $M > 0$: Für jedes s mit $\sigma := \operatorname{Re} s > \sigma_1$ hat man die Abschätzung

$$|f(s)| = \left| \int_0^\infty e^{-st} F(t)\, dt \right| \leq \frac{M}{\sigma - \sigma_1}.$$

Für $\sigma \to \infty$ strebt hier offensichtlich die Schranke $M/(\sigma - \sigma_1)$ gegen Null. Daraus folgt:

SATZ 6.3b. *Für die Laplace-Transformierte f einer Originalfunktion gilt*
$$\lim_{s \to \infty} f(s) = 0,$$
wenn s derart gegen ∞ strebt, dass $\operatorname{Re} s$ gegen $+\infty$ geht.

Als nächstes fragen wir uns, ob zwei Originalfunktionen dieselbe Bildfunktion haben können. Oder umgekehrt gefragt: Ist bei gegebener Bildfunktion die zugehörige Originalfunktion eindeutig bestimmt? Der folgende Satz gibt darüber Auskunft.

SATZ 6.3c. *Es seien F_1, F_2 zwei Originalfunktionen, und es sei*
$$\mathscr{L}[F_1] = \mathscr{L}[F_2].$$
Dann ist an allen Stellen t, wo F_1 und F_2 stetig sind,
$$F_1(t) = F_2(t).$$

Für den Beweis von Satz 6.3c benötigen wir das folgende Lemma aus der reellen Analysis, das im Zusammenhang mit dem sogenannten *Momentenproblem* von Interesse ist.

LEMMA 6.3d. *Es sei*

$$G: x \to G(x), \qquad 0 \leq x \leq 1,$$

eine komplexwertige, bis auf endlich viele Sprungstellen stetige Funktion mit der Eigenschaft, dass alle «Momente» verschwinden, d.h.

$$\int_0^1 x^n G(x)\, dx = 0, \qquad n = 0, 1, 2, \ldots$$

Dann ist $G(x) = 0$ an allen Stetigkeitsstellen.

Wir führen den *Beweis von Satz 6.3c* für den Fall, dass F_1 und F_2 nur endlich viele Unstetigkeitsstellen aufweisen.

Ohne Beschränkung der Allgemeinheit können wir annehmen, dass die Wachstumskoeffizienten σ_1, σ_2 von F_1 bzw. F_2 beide ≤ 0 sind, ansonsten betrachte man die Funktionen $e^{-ct}F_1$ und $e^{-ct}F_2$ mit einer geeigneten positiven Konstanten c. Gemäss Voraussetzung haben wir dann

$$\int_0^\infty e^{-st} F_1(t)\, dt = \int_0^\infty e^{-st} F_2(t)\, dt \quad \text{für} \quad \operatorname{Re} s > 0$$

oder, wenn wir $F := F_1 - F_2$ setzen,

$$\int_0^\infty e^{-st} F(t)\, dt = 0 \quad \text{für} \quad \operatorname{Re} s > 0.$$

Wir substituieren hier $x := e^{-t}$. Mit $t = -\operatorname{Log} x$, $dt = -dx/x$ ergibt sich

$$\int_0^1 x^{s-1} F(-\operatorname{Log} x)\, dx = 0 \quad \text{für} \quad \operatorname{Re} s > 0.$$

Die Gleichung gilt insbesondere für $s = 1, 2, 3, \ldots$, d.h.

$$\int_0^1 x^n F(-\operatorname{Log} x)\, dx = 0, \qquad n = 0, 1, 2, \ldots$$

Es verschwinden also alle Momente der Funktion $G(x) := F(-\text{Log } x)$. Nach Lemma 6.3d können wir daraus schliessen, das $G(x) = 0$ bzw. $F(t) = 0$ an allen Stetigkeitsstellen. Hieraus folgt aber $F_1(t) = F_2(t)$ an allen Stellen t, wo F_1 und F_2 stetig sind.

Nach Satz 6.3c unterscheiden sich also zwei Originalfunktionen, die dieselbe Bildfunktion besitzen, höchstens an ihren Unstetigkeitsstellen voneinander. Es ist sinnvoll, zwei solche Originalfunktionen als *gleich* anzusehen. Satz 6.3c besagt dann, dass bei gegebener Bildfunktion die zugehörige Originalfunktion *eindeutig* bestimmt ist. Die Zuordnung

Bildfunktion $f \to$ Originalfunktion F

nennt man *inverse Laplace-Transformation* oder kurz **Rücktransformation** und verwendet dafür (neben dem Doetsch-Symbol) die symbolische Schreibweise

$$F = \mathscr{L}^{-1}[f].$$

Mit dem Problem der Rücktransformation werden wir uns im letzten Abschnitt noch ausführlich befassen.

Wir sind jetzt in der Lage, die Grundidee der Methode der Laplace-Transformation darzulegen. Es sei eine Funktionalgleichung zu lösen, z.B. eine Differentialgleichung. Zur Lösung des Problems gehen wir nun folgendermassen vor (s. Schema):

Erster Schritt: Wir wenden auf die Funktionalgleichung die Laplace-Transformation an und übersetzen so das Problem in den Bildraum.
Zweiter Schritt: Wir lösen das Problem im Bildraum.
Dritter Schritt: Wir transformieren die im Bildraum gefundene Lösung in den Originalraum zurück.

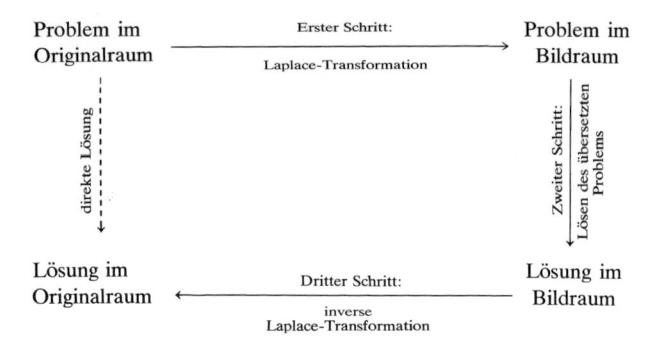

```
Problem im          Erster Schritt:           Problem im
Originalraum   ─────────────────────────→    Bildraum
               Laplace-Transformation
   ╎                                              ╎
 direkte                                    Zweiter Schritt:
 Lösung                                     Lösen des übersetzten
   ╎                                        Problems
   ▼                                              ▼
Lösung im           Dritter Schritt:          Lösung im
Originalraum   ←─────────────────────────    Bildraum
                    inverse
               Laplace-Transformation
```

Statt das Problem direkt anzugehen, machen wir also einen Umweg über den Bildraum. In vielen Fällen stellt sich das in den Bildraum übersetzte Problem als wesentlich einfacher heraus. Zur Demonstration wenden wir die Methode auf das in Abschnitt 6.1 betrachtete Anfangswertproblem an.

BEISPIEL. Gesucht ist die Lösung der Differentialgleichung

$$Y' - Y = 1 \qquad (3a)$$

mit der Anfangsbedingung

$$Y(0) = 0. \qquad (3b)$$

Erster Schritt: Wir nehmen an, die gesuchte Lösung $Y(t)$ sei eine Originalfunktion; σ_0 sei der Wachstumskoeffizient, $y(s)$ die Laplace-Transformierte:

$$Y(t) \circ\!\!-\!\!\!-\!\!\bullet\, y(s) := \int_0^\infty e^{-st} Y(t)\, dt, \quad \text{Re}\, s > \sigma_0.$$

Welches ist dann die Laplace-Transformierte von $Y'(t)$?

6.3. Analytische Eigenschaften der Laplace-Transformierten

Durch partielle Integration ergibt sich

$$Y'(t) \circ\!\!-\!\!\bullet \int_0^\infty e^{-st} Y'(t)\, dt$$

$$= e^{-st} Y(t) \big|_0^\infty + s \int_0^\infty e^{-st} Y(t)\, dt$$

$$= \lim_{t \to \infty} e^{-st} Y(t) - Y(0) + s y(s).$$

Da für $\sigma_1 > \sigma_0$ und geeignetes $M > 0$

$$|Y(t)| \leq M e^{\sigma_1 t},$$

also

$$|e^{-st} Y(t)| \leq M e^{-(\mathrm{Re}\, s - \sigma_1) t},$$

gilt für $\mathrm{Re}\, s > \sigma_1$

$$\lim_{t \to \infty} e^{-st} Y(t) = 0.$$

Es folgt unter Berücksichtigung der Anfangsbedingung (3b)

$$Y'(t) \circ\!\!-\!\!\bullet s y(s). \qquad (4)$$

Weiter finden wir in der Korrespondenztabelle

$$1 \circ\!\!-\!\!\bullet \frac{1}{s}.$$

Damit kennen wir jetzt alle Laplace-Transformierten der in der Differentialgleichung (3a) vorkommenden Terme, so dass wir in den Bildraum übersetzen können. Durch die Laplace-Transformation geht die Differentialgleichung über in die Gleichung (wegen der Linearität der Laplace-Transformation darf die linke Seite in (3a) gliedweise transformiert werden)

$$s y(s) - y(s) = \frac{1}{s}; \qquad (5)$$

wir haben für die Bildfunktion $y(s)$ eine *algebraische Gleichung* herausbekommen.

Zweiter Schritt: Die algebraische Gleichung (5) lässt sich sofort lösen; es ist

$$y(s) = \frac{1}{s(s-1)}.$$

Dritter Schritt: Wir müssen jetzt $y(s)$ zurücktransformieren. Dazu zerlegen wir $y(s)$ in Partialbrüche:

$$y(s) = \frac{1}{s(s-1)} = \frac{1}{s-1} - \frac{1}{s}.$$

In der Korrespondenzentabelle lesen wir ab:

$$\frac{1}{s-1} \bullet\!\!-\!\!\circ e^t,$$

$$\frac{1}{s} \bullet\!\!-\!\!\circ 1.$$

Wir erhalten damit (wiederum kann wegen der Linearität der Laplace-Transformation gliedweise transformiert werden)

$$Y(t) = e^t - 1,$$

was tatsächlich, wie wir wissen, die Lösung des Anfangswertproblems (3) ist.

Beim obigen Beispiel scheint die verwendete Methode recht umständlich zu sein. Doch weisen zwei Punkte darauf hin, dass bei komplizierten Problemen die Sachlage durch die Laplace-Transformation vereinfacht wird:

1) Statt einer Differentialgleichung war nur eine algebraische Gleichung zu lösen.

2) Auf klassische Weise wird ein Anfangswertproblem gelöst, indem man zunächst die allgemeine Lösung der

6.3. Analytische Eigenschaften der Laplace-Transformierten 151

Differentialgleichung bestimmt und erst nachträglich durch Spezialisierung die spezielle Lösung sucht, die den Anfangsbedingungen genügt. Bei unserer Methode gehen die Anfangsbedingungen schon bei der Transformation des Problems in den Bildraum in die Lösung ein.

Wir werden in den folgenden Abschnitten eine Reihe von Sätzen und Kunstgriffen kennenlernen, die uns die Transformation vom Originalraum in den Bildraum und zurück erleichtern.

Zum Schluss wollen wir noch anhand des behandelten Beispiels die Methode der Laplace-Transformation mit der in Abschnitt 6.1 dargelegten Operatorenmethode vergleichen. Gemäss (4) entspricht bei der Laplace-Transformation der Differentiation im Originalraum die Multiplikation mit s im Bildraum. Es besteht hier also Analogie mit der Operatorenmethode, wo ja die Differentiation durch die Multiplikation mit dem Symbol p ersetzt wird. Wenn die algebraische Gleichung (5) dennoch nicht mit Gleichung (4), Abschnitt 6.1, übereinstimmt, so rührt dies daher, dass bei der Laplace-Transformation die Konstante 1 in $1/s$ übergeht, während bei der Operatorenmethode die Konstante 1 unverändert bleibt. Volle Übereinstimmung könnte erzielt werden, wenn man die Bildfunktion durch

$$f : s \to s \int_0^\infty e^{-st} F(t)\, dt \qquad (6)$$

definiert. Transformation (6) ist die sogenannte **Carson-Heaviside-Transformation**; sie unterscheidet sich von der Laplace-Transformation nur um den Faktor s. Wenn man der Laplace-Transformation vor der Carson-Heaviside-Transformation den Vorzug gibt, so deshalb, weil sich bei der Laplace-Transformation die meisten Formeln einfacher gestalten. (Beim Gebrauch von Tabellenwerken ist darauf zu achten, welche der beiden Definitionen den Tabellen zugrunde liegt. Z.B. bezieht sich die Tabelle in dem verbreiteten «Taschenbuch der Mathematik» von *I. N. Bronstein* und *K. A. Semendjajew*, Verlag Harri Deutsch, Frankfurt/Main 1978, auf die Carson-Heavisidesche Definition!)

AUFGABEN

1. Vergleiche die Analytizitätsbereiche der in der Korrespondenzentabelle, Abschnitt 6.2, vorkommenden Bildfunktionen mit der Aussage von Satz 6.3a.

2. Sei $\omega_0 > 0$,

$$F : t \to |\sin \omega_0 t|$$

(gleichgerichteter Sinusstrom).

(a) In welcher Halbebene ist die Laplace-Transformierte f von F analytisch?

(b) Man berechne f. (Anleitung: Zuerst Beitrag der n-ten Welle ausrechnen, dann aufsummieren.)

(c) Man bestätige das unter (a) gefundene Resultat.

6.4. *Grundregeln der Laplace-Transformation*

Wir geben in diesem Abschnitt acht Regeln an, mit denen aus bekannten Korrespondenzen neue erzeugt werden können. Im ganzen Abschnitt bezeichnen $F, G, \ldots$ Originalfunktionen, $f, g, \ldots$ die zugehörigen Laplace-Transformierten:

$$F(t) \circ\!\!-\!\!\!-\!\!\!-\!\!\bullet f(s),$$
$$G(t) \circ\!\!-\!\!\!-\!\!\!-\!\!\bullet g(s),$$
$$\ldots\ldots\ldots\ldots\ldots\ldots$$

Der Vollständigkeit halber sei hier zunächst noch einmal die Linearität der Laplace-Transformation aufgeführt als

I. ADDITIONSSATZ. *Für beliebige komplexe Konstanten a und b gilt*

$$aF(t)+bG(t) \circ\!\!-\!\!\!-\!\!\bullet af(s)+bg(s).$$

II. ÄHNLICHKEITSSATZ. *Für jede reelle Konstante $\alpha > 0$ gilt*

$$F(\alpha t) \circ\!\!-\!\!\!-\!\!\bullet \frac{1}{\alpha} f\!\left(\frac{s}{\alpha}\right).$$

Beweis. Ist $t \to F(t)$ Originalfunktion, so offenbar auch $t \to F(\alpha t)$. Indem wir $\tau := \alpha t$ substituieren, ergibt sich

$$\begin{aligned} F(\alpha t) \circ\!\!-\!\!\!-\!\!\bullet & \int_0^\infty e^{-st} F(\alpha t)\,dt \\ = & \frac{1}{\alpha} \int_0^\infty e^{-s\tau/\alpha} F(\tau)\,d\tau \\ = & \frac{1}{\alpha} f\!\left(\frac{s}{\alpha}\right). \end{aligned}$$

BEISPIEL

① Aus

$$e^t \circ\!\!-\!\!\!-\!\!\bullet \frac{1}{s-1}$$

folgt mittels des Ähnlichkeitssatzes

$$e^{\alpha t} \circ\!\!-\!\!\!-\!\!\bullet \frac{1}{\alpha} \frac{1}{\frac{s}{\alpha}-1} = \frac{1}{s-\alpha}.$$

III. DIFFERENTIATIONSSATZ (Differentiation der Originalfunktion). *F sei für $t > 0$ stetig, mit F sei auch die*

Ableitung F' eine Originalfunktion. Dann gilt

$$F'(t) \circ\!\!-\!\!\bullet\ sf(s) - F(0), \tag{1}$$

wobei, falls F im Nullpunkt eine Unstetigkeitsstelle hat, $F(0)$ als rechtsseitiger Grenzwert

$$\lim_{\substack{t \to 0 \\ t > 0}} F(t)$$

aufzufassen ist.

Beweis. Durch partielle Integration ergibt sich

$$F'(t) \circ\!\!-\!\!\bullet \int_0^\infty e^{-st} F'(t)\, dt$$

$$= e^{-st} F(t)\big|_0^\infty + s \int_0^\infty e^{-st} F(t)\, dt$$

$$= \lim_{t \to \infty} e^{-st} F(t) - F(0) + sf(s).$$

Der Grenzwert verschwindet aber; denn für F als Originalfunktion gilt ja

$$|F(t)| \leq M e^{\sigma_1 t},$$

$\sigma_1, M > 0$ reelle Konstanten, und damit

$$|e^{-st} F(t)| \leq M e^{-(\mathrm{Re}\, s - \sigma_1) t},$$

so dass für $\mathrm{Re}\, s > \sigma_1$

$$\lim_{t \to \infty} e^{-st} F(t) = 0.$$

Wie transformiert sich die zweite Ableitung F''? Wir wenden (1) auf F' an und erhalten

$$F''(t) \circ\!\!-\!\!\bullet\ s\mathscr{L}[F'(t)] - F'(0)$$
$$= s^2 f(s) - sF(0) - F'(0).$$

Wiederholte Anwendung von (1) führt, wie man sofort sieht, auf die **allgemeine Formel**

$$F^{(n)}(t) \circ\!\!-\!\!\!-\!\!\bullet\; s^n f(s) - s^{n-1} F(0) - s^{n-2} F'(0) - \cdots - F^{(n-1)}(0),$$
$$n = 1, 2, 3, \ldots, \quad (2)$$

vorausgesetzt, $F', F'', \ldots, F^{(n)}$ sind Originalfunktionen und $F, F', \ldots, F^{(n-1)}$ sind für $t > 0$ stetig. Wiederum sind in (2) die Werte $F(0), F'(0), \ldots, F^{(n-1)}(0)$ als rechtsseitige Grenzwerte zu verstehen.

Wir sehen also: *Bei der Laplace-Transformation entspricht der Differentiation im Originalraum die Multiplikation mit s im Bildraum, wobei noch den «Anfangswerten» $F(0), F'(0), \ldots$ Rechnung zu tragen ist.*

BEISPIELE

② Wir haben bekanntlich

$$\sin \omega_0 t \circ\!\!-\!\!\!-\!\!\bullet\; \frac{\omega_0}{s^2 + \omega_0^2}.$$

Anwendung des Differentiationssatzes liefert

$$\omega_0 \cos \omega_0 t \circ\!\!-\!\!\!-\!\!\bullet\; \frac{\omega_0 s}{s^2 + \omega_0^2} - \sin(\omega_0 \cdot 0) = \frac{\omega_0 s}{s^2 + \omega_0^2},$$

eine uns ebenfalls bekannte Korrespondenz.

③ Wendet man den Differentiationssatz auf die Korrespondenz

$$e^t \circ\!\!-\!\!\!-\!\!\bullet\; \frac{1}{s-1}$$

an, so muss natürlich, da hier ja die linke Seite beim Differenzieren unverändert bleibt, wieder dasselbe herauskommen:

6. Die Laplace-Transformation

$$\frac{d}{dt}e^t = e^t \circ\!\!-\!\!\bullet \frac{s}{s-1} - e^0 = \frac{s}{s-1} - 1 = \frac{1}{s-1}.$$

Bei Beziehung (2), Abschnitt 6.3, haben wir folgendes festgestellt:

IV. MULTIPLIKATIONSSATZ (Differentiation der Bildfunktion). *Es gilt*

$$-tF(t) \circ\!\!-\!\!\bullet f'(s)$$

respektive

$$tF(t) \circ\!\!-\!\!\bullet -f'(s).$$

Der Differentiation im Bildraum entspricht demnach die Multiplikation mit $-t$ *im Originalraum*. Die **allgemeine Formel** lautet offenbar

$$(-t)^n F(t) \circ\!\!-\!\!\bullet f^{(n)}(s), \qquad n = 1, 2, 3, \ldots,$$

respektive

$$t^n F(t) \circ\!\!-\!\!\bullet (-1)^n f^{(n)}(s), \qquad n = 1, 2, 3, \ldots$$

BEISPIELE

④ Aus

$$1 \circ\!\!-\!\!\bullet \frac{1}{s}$$

folgt mittels des Multiplikationssatzes

$$t^n \circ\!\!-\!\!\bullet (-1)^n \frac{d^n}{ds^n}\frac{1}{s} = \frac{n!}{s^{n+1}}, \qquad n = 1, 2, 3, \ldots$$

⑤ Aus

$$e^{at} \circ\!\!-\!\!\bullet \frac{1}{s-a}$$

ergibt sich

$$t^n e^{at} \circ\!\!-\!\!\bullet \frac{n!}{(s-a)^{n+1}}, \qquad n = 1, 2, 3, \ldots$$

V. INTEGRATIONSSATZ (Integration der Originalfunktion). *Es gilt*

$$\int_0^t F(\tau)\,d\tau \circ\!\!-\!\!\bullet \frac{f(s)}{s}.$$

Beweis. Man überzeugt sich leicht davon, dass mit F auch die Funktion

$$G : t \to \int_0^t F(\tau)\,d\tau$$

Originalfunktion ist. Sei

$$G(t) \circ\!\!-\!\!\bullet g(s).$$

Gemäss dem Differentiationssatz (Regel III) erhalten wir

$$G'(t) \circ\!\!-\!\!\bullet sg(s) - G(0) = sg(s).$$

Andererseits haben wir

$$G'(t) = F(t) \circ\!\!-\!\!\bullet f(s).$$

Hieraus folgt aber

$$sg(s) = f(s),$$

d.h.

$$g(s) = \frac{f(s)}{s}.$$

Der Integration im Originalraum entspricht somit die Division durch s im Bildraum. Wir haben hier also Übereinstimmung mit der Heavisideschen Operatorenmethode.

BEISPIEL

⑥ Anwendung des Integrationssatzes auf

$$\sin t \circ\!\!-\!\!\!-\!\!\bullet \frac{1}{s^2+1}$$

liefert die Korrespondenz

$$\int_0^t \sin\tau\,d\tau = 1-\cos t \circ\!\!-\!\!\!-\!\!\bullet \frac{1}{s(s^2+1)}.$$

VI. DIVISIONSSATZ (Integration der Bildfunktion). *Es besitze F den Wachstumskoeffizienten σ_0, und es sei neben F auch die Funktion*

$$G(t):=\frac{F(t)}{t}$$

Originalfunktion. Dann gilt für $\operatorname{Re} s > \sigma_0$

$$G(t) = \frac{F(t)}{t} \circ\!\!-\!\!\!-\!\!\bullet \int_s^\infty f(u)\,du.$$

Beweis. Wir bezeichnen die noch unbekannte Bildfunktion von G vorläufig mit g. Nach Regel IV gilt

$$-g'(s) \bullet\!\!-\!\!\!-\!\!\circ tG(t) = F(t) \circ\!\!-\!\!\!-\!\!\bullet f(s),$$

also $g'(s) = -f(s)$ und somit für ein festes s_0 mit $\operatorname{Re} s_0 > \sigma_0$

$$g(s) = -\int_{s_0}^s f(u)\,du + C,$$

6.4. Grundregeln der Laplace-Transformation

wobei die Konstante C noch zu bestimmen ist. Sie kann aus der Bedingung bestimmt werden, dass für Re $s \to \infty$ $g(s) \to 0$ gelten muss. Dies gibt

$$0 = -\int_{s_0}^{\infty} f(u)\, \mathrm{d}u + C,$$

also

$$C = \int_{s_0}^{\infty} f(u)\, \mathrm{d}u$$

und damit

$$g(s) = \int_{s_0}^{\infty} f(u)\, \mathrm{d}u - \int_{s_0}^{s} f(u)\, \mathrm{d}u = \int_{s}^{\infty} f(u)\, \mathrm{d}u.$$

Bemerkung. Da f in der Halbebene Re $s > \sigma_0$ analytisch ist und im Unendlichen genügend stark verschwindet, kommt es in den Integralen

$$\int_{s_0}^{\infty} f(u)\, \mathrm{d}u \quad \text{und} \quad \int_{s}^{\infty} f(u)\, \mathrm{d}u$$

nicht darauf an, längs welchen Weges integriert wird, sofern nur Re s längs des Weges nach $+\infty$ strebt.

Der Integration im Bildraum entspricht demnach die Division durch t im Originalraum.

BEISPIEL

⑦ Wendet man den Divisionssatz auf

$$\sin t \circ\!\!-\!\!\bullet \frac{1}{s^2 + 1}$$

an, so ergibt sich

$$\frac{\sin t}{t} \circ\!\!-\!\!\bullet \int_{s}^{\infty} \frac{1}{u^2 + 1}\, \mathrm{d}u = \frac{\pi}{2} - \operatorname{Arctg} s,$$

d.h.
$$\int_0^\infty e^{-st} \frac{\sin t}{t}\, dt = \frac{\pi}{2} - \text{Arctg } s.$$

Insbesondere erhält man daraus für $s \to 0$
$$\int_0^\infty \frac{\sin t}{t}\, dt = \frac{\pi}{2},$$

ein Integral, das nicht auf elementare Weise durch Aufsuchen einer Stammfunktion bestimmt werden kann.

VII. VERSCHIEBUNGSSATZ (Verschiebung der Originalfunktion). *Für jedes $T_0 > 0$ gilt*
$$F(t - T_0) \circ\!\!-\!\!\!-\!\!\bullet\; e^{-sT_0} f(s).$$

Beweis. Da $F(t) = 0$ für $t < 0$, ist $F(t - T_0) = 0$ für $t < T_0$ (s. Fig. 6.4a). Damit erhalten wir

$$\int_0^\infty e^{-st} F(t - T_0)\, dt = \int_{T_0}^\infty e^{-st} F(t - T_0)\, dt$$

$$= \int_0^\infty e^{-s(\tau + T_0)} F(\tau)\, d\tau$$

$$= e^{-sT_0} \int_0^\infty e^{-s\tau} F(\tau)\, d\tau$$

$$= e^{-sT_0} f(s),$$

wie behauptet.

Es gilt also: *Der Verschiebung um T_0 im Originalraum entspricht die Multiplikation mit dem «Dämpfungsfaktor» e^{-sT_0} im Bildraum.*

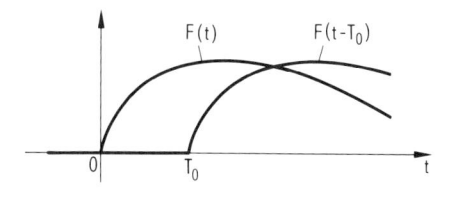

6.4. Grundregeln der Laplace-Transformation 161

Fig. 6.4a

BEISPIEL

⑧ Gesucht ist die Laplace-Transformierte der in Fig. 6.4b dargestellten Treppenfunktion.

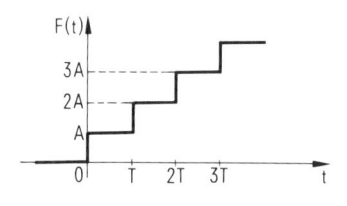

Fig. 6.4b

Wir denken uns die Treppenfunktion zusammengesetzt aus Heavisideschen Sprungfunktionen der Höhe A, die zu den Zeiten $t = 0, t = T, t = 2T, \ldots$ eingeschaltet werden. Bezeichnet $H : t \to H(t)$ den Einheitssprung, so haben wir offenbar

$$F(t) = A[H(t) + H(t-T) + H(t-2T) + \cdots].$$

Aus

$$H(t) = 1 \circ\!\!-\!\!-\!\!\bullet \frac{1}{s}$$

bekommen wir nach dem Verschiebungssatz

$$H(t - nT) \circ\!\!-\!\!-\!\!\bullet e^{-snT}\frac{1}{s}, \qquad n = 1, 2, 3, \ldots$$

Damit ergibt sich

$$F(t) \circ\!\!-\!\!\bullet \frac{A}{s}(1+e^{-sT}+e^{-2sT}+\cdots)$$

$$=\frac{A}{s}\frac{1}{1-e^{-sT}}.$$

VIII. DÄMPFUNGSSATZ (Verschiebung der Bildfunktion). *Für beliebiges komplexes a gilt*

$$e^{at}F(t) \circ\!\!-\!\!\bullet f(s-a).$$

Beweis. In der Tat erhält man

$$e^{at}F(t) \circ\!\!-\!\!\bullet \int_0^\infty e^{-st}e^{at}F(t)\,dt = \int_0^\infty e^{-(s-a)t}F(t)\,dt = f(s-a).$$

Der Verschiebung um a im Bildraum entspricht also die Multiplikation mit dem «Dämpfungsfaktor» e^{at} im Originalraum.

BEISPIEL
⑨ Aus

$$\sin \omega_0 t \circ\!\!-\!\!\bullet \frac{\omega_0}{s^2+\omega_0^2}$$

folgt mittels des Dämpfungssatzes

$$e^{at}\sin \omega_0 t \circ\!\!-\!\!\bullet \frac{\omega_0}{(s-a)^2+\omega_0^2}.$$

Zum Schluss leiten wir noch eine Formel zur Berechnung der Laplace-Transformierten einer periodischen Funktion her.

SATZ ÜBER PERIODISCHE FUNKTIONEN. *Es sei F eine periodische Funktion mit der Periode $T > 0$:*

$$F(t+T) = F(t) \quad \text{für} \quad t \geq 0.$$

Dann gilt

$$F(t) \circ\!\!-\!\!\bullet \frac{\int_0^T e^{-st} F(t)\, dt}{1 - e^{-sT}}.$$

Beweis. Wir führen die Funktion

$$F_0 : t \to \begin{cases} F(t) & \text{für} \quad 0 \leq t < T, \\ 0 & \text{für} \quad t < 0 \text{ und } t \geq T \end{cases}$$

ein, wobei wir

$$F_0(t) \circ\!\!-\!\!\bullet f_0(s)$$

setzen (s. Fig. 6.4c).

Mit Hilfe von F_0 können wir F wie folgt darstellen:

$$F(t) = F_0(t) + F_0(t - T) + F_0(t - 2T) + \cdots$$

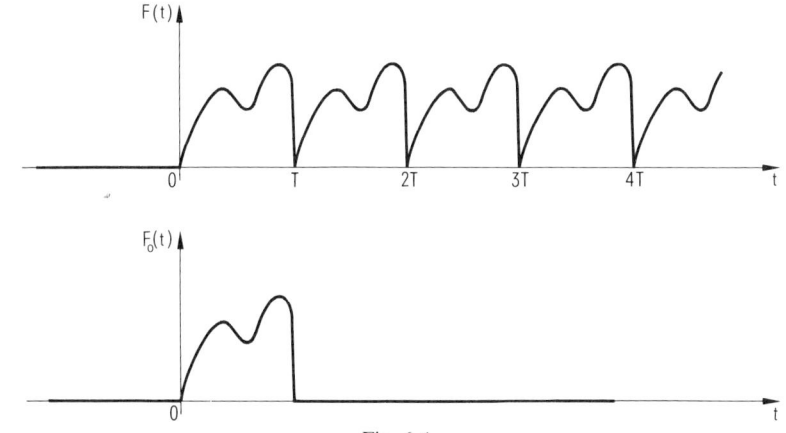

Fig. 6.4c

Unter Benutzung des Verschiebungssatzes (Regel VII) transformieren wir jetzt gliedweise und erhalten so

$$f(s) = (1 + e^{-sT} + e^{-2sT} + \cdots) f_0(s) = \frac{f_0(s)}{1 - e^{-sT}}.$$

Es ist aber aufgrund der Definition von F_0

$$f_0(s) = \int_0^\infty e^{-st} F_0(t)\,dt = \int_0^T e^{-st} F_0(t)\,dt = \int_0^T e^{-st} F(t)\,dt$$

und somit
$$f(s) = \frac{\int_0^T e^{-st} F(t)\,dt}{1 - e^{-sT}}.$$

Zur Bestimmung der Laplace-Transformierten einer periodischen Funktion genügt es also, das Laplace-Integral über die erste Periode zu kennen.

BEISPIEL

⑩ Wir bestimmen mit obiger Formel die Laplace-Transformierte der in Fig. 6.4d gezeigten Impulsfunktion $I : t \to I(t)$.

Fig. 6.4d

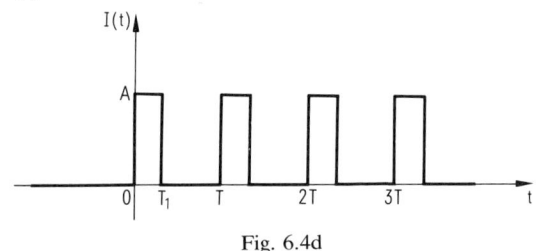

Das Laplace-Integral über die erste Periode berechnet sich hier zu

$$\int_0^T e^{-st} I(t)\,dt = A \int_0^{T_1} e^{-st}\,dt = \frac{A}{s}(1 - e^{-sT_1}).$$

Grundregeln

	$F(t)$		$f(s)$
I	$aF(t)+bG(t)$	(a,b komplex)	$af(s)+bg(s)$
II	$F(\alpha t)$	($\alpha > 0$)	$\dfrac{1}{\alpha}f\left(\dfrac{s}{\alpha}\right)$
III	$F^{(n)}(t)$	($n=1,2,3,\ldots$)	$s^n f(s) - s^{n-1}F(0) - s^{n-2}F'(0) - \cdots - F^{(n-1)}(0)$
IV	$(-t)^n F(t)$	($n=1,2,3,\ldots$)	$f^{(n)}(s)$
V	$\displaystyle\int_0^t F(\tau)\,d\tau$		$\dfrac{f(s)}{s}$
VI	$\dfrac{F(t)}{t}$		$\displaystyle\int_s^\infty f(u)\,du$
VII	$F(t-T_0)$	($T_0>0$)	$e^{-sT_0}f(s)$
VIII	$e^{at}F(t)$	(a komplex)	$f(s-a)$
	F periodisch, Periode T		$\dfrac{\int_0^T e^{-st}F(t)\,dt}{1-e^{-sT}}$

Damit haben wir

$$I(t) \circ\!\!-\!\!\bullet \frac{A}{s}\frac{1-e^{-sT_1}}{1-e^{-sT}},$$

was denn auch mit unserem früheren Ergebnis übereinstimmt.

Vorstehend findet der Leser die acht Grundregeln und die Transformationsformel für periodische Funktionen in einer Tabelle zusammengestellt.

AUFGABEN

1. Sei $a>0$. Die Originalfunktion F sei definiert durch

$$F(t) := \begin{cases} 0 & \text{für } t \le a, \\ (t-a)e^{-(t-a)} & \text{für } t > a. \end{cases}$$

Welches ist ihre Bildfunktion?

2. Seien $A, T > 0$. Die Originalfunktion F sei gegeben durch

$$F(t) := \begin{cases} At & \text{für } 0 \le t \le T, \\ AT & \text{für } t > T. \end{cases}$$

Welches ist ihre Bildfunktion? (Hinweis: Betrachte F'.)

3. Seien α und β reelle Zahlen. Man bestimme die Laplace-Transformierten der Originalfunktionen

(a) $F: t \to e^{-\alpha t} \cos \beta t$,

(b) $F: t \to e^{-\alpha t} t \cos \beta t$.

(Tip: Multiplikationssatz und Dämpfungssatz anwenden!)

4. Welche Originalfunktionen gehören zu den nachstehenden Bildfunktionen?

(a) $\dfrac{s}{s^2+1}$ (b) $\dfrac{1}{s^2+2s}$ (c) $\dfrac{4s^3}{s^4+4}$

(d) $\dfrac{1}{s(s^2+1)}$ (e) $\dfrac{s}{(1+s)^2}$

5. Welches ist die zu

$$f : s \to \frac{1}{2} \operatorname{Log} \frac{\sqrt{s^2+4}}{s}$$

gehörige Originalfunktion? (Tip: Betrachte f'.)

6. Man bestimme für $\omega_0 > 0$ die Laplace-Transformierte der Originalfunktion

$$F : t \to \frac{1 - \cos \omega_0 t}{t}.$$

Welches ist folglich der Wert des Integrals

$$\int_0^\infty e^{-t} \frac{1 - \cos \omega_0 t}{t} \, dt\,?$$

7. Seien $\alpha, \beta > 0$. Man bestimme die Laplace-Transformierte der Originalfunktion

$$F : t \to \frac{\cos \alpha t - \cos \beta t}{t}.$$

Welchen Wert hat folglich das Integral

$$\int_0^\infty \frac{\sin \mu t \sin \nu t}{t} \, dt$$

für reelle μ und ν?

8. Seien $a, b > 0$. Man beweise

$$\frac{e^{-at} - e^{-bt}}{t} \circ\!\!-\!\!\bullet \operatorname{Log} \frac{s+b}{s-a}.$$

9. Man bestimme die Laplace-Transformierten der in Fig. 6.4e gezeichneten Impulsfunktion und ihrer bei $t=0$ verschwindenden Integralfunktion.

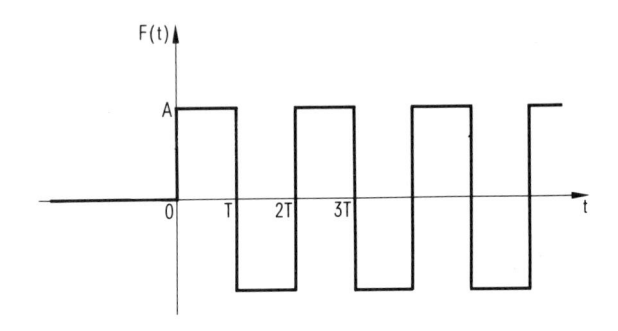

Fig. 6.4e

10. Man berechne die Laplace-Transformierte der in Fig. 6.4f gezeichneten Sägezahnkurve.

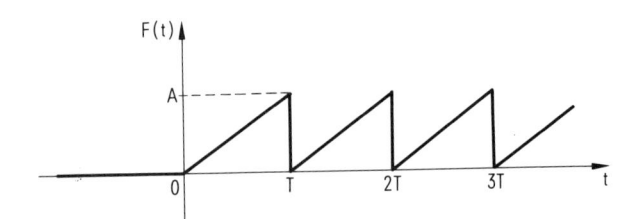

Fig. 6.4f

11. Sei

$$J_0 : t \to \sum_{n=0}^{\infty} \frac{\left(-\dfrac{t^2}{4}\right)^n}{(n!)^2}$$

die Besselsche Funktion der Ordnung 0. Durch gliedweise Integration beweise man die Korrespondenzen

(a) $J_0(t) \circ\!\!-\!\!\bullet \dfrac{1}{\sqrt{s^2+1}}$,

(b) $J_0(2\sqrt{t}) \circ\!\!-\!\!\bullet \dfrac{1}{s} e^{-1/s}$.

(Zum Beweis von (a) beachte man, dass

$$\frac{(2n)!}{4^n (n!)^2} = (-1)^n \binom{-\frac{1}{2}}{n}.$$

Binomialreihe benutzen!)

12. Zeige: Unter den Voraussetzungen des Differentiationssatzes gilt für die Laplace-Transformierte f einer Originalfunktion F

$$\lim_{s \to \infty} sf(s) = F(0). \tag{3}$$

(Anleitung: Man wende den Differentiationssatz an und benutze Satz 6.3b. Die Beziehung (3) kann zur Kontrolle von Rechnungen benutzt werden.)

6.5. Gewöhnliche Differentialgleichungen

Hauptanwendungsgebiet der Laplace-Transformation sind die gewöhnlichen Differentialgleichungen. Statt langer theoretischer Erörterungen über die Anwendbarkeit der Laplace-Transformation demonstrieren wir deren Wirksamkeit direkt anhand von Beispielen.

Im Fall einer linearen Differentialgleichung mit konstanten Koeffizienten stellt sich das Schema der Methode der

Laplace-Transformation wie folgt dar (vgl. Abschnitt 6.3):

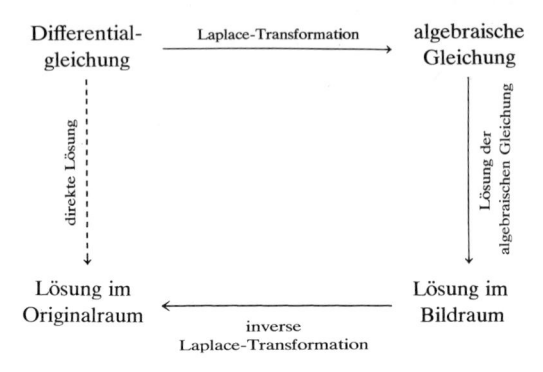

```
Differential-      Laplace-Transformation      algebraische
 gleichung         ──────────────────────→      Gleichung
     │                                              │
     │                                              │
  direkte Lösung                              Lösung der
     │                                      algebraischen Gleichung
     │                                              │
     ↓                                              ↓
  Lösung im         ←──────────────────         Lösung im
  Originalraum           inverse                  Bildraum
                     Laplace-Transformation
```

BEISPIELE

① Ein typisches Anfangswertproblem ist etwa das folgende: Gesucht ist diejenige Lösung der Differentialgleichung

$$Y''(t) - Y'(t) - 2Y(t) = \cos 2t, \tag{1a}$$

die den Anfangsbedingungen

$$Y(0) = 1, \qquad Y'(0) = 0 \tag{1b}$$

genügt.

Lösung. Wir setzen

$$Y(t) \circ\!\!\!-\!\!\!-\!\!\!\bullet\, y(s).$$

Nach dem Differentiationssatz (Regel III) folgt dann unter Berücksichtigung der Anfangsbedingungen (1b)

$$Y'(t) \circ\!\!\!-\!\!\!-\!\!\!\bullet\, sy(s) - Y(0) = sy(s) - 1,$$

$$Y''(t) \circ\!\!\!-\!\!\!-\!\!\!\bullet\, s^2 y(s) - sY(0) - Y'(0) = s^2 y(s) - s.$$

6.5. Gewöhnliche Differentialgleichungen

In der Korrespondenzentabelle finden wir

$$\cos 2t \circ\!\!-\!\!\bullet \frac{s}{s^2+4}.$$

Anwendung der Laplace-Transformation auf die Differentialgleichung (1a) liefert danach die algebraische Gleichung

$$[s^2 y(s) - s] - [sy(s) - 1] - 2y(s) = \frac{s}{s^2+4}$$

für $y(s)$. Wir lösen die Gleichung auf und erhalten

$$y(s)(s^2 - s - 2) = \frac{s}{s^2+4} + s - 1,$$

also

$$y(s) = \frac{s^3 - s^2 + 5s - 4}{(s^2+4)(s^2-s-2)}. \tag{2}$$

Damit ist die Laplace-Transformierte der gesuchten Lösung von (1) bereits bestimmt. Wie transformieren wir jetzt $y(s)$ zurück? Wir zerlegen $y(s)$ in Partialbrüche. Die Nullstellen des Nenners sind

$$s = \pm 2i, \quad s = 2, \quad s = -1.$$

Dementsprechend machen wir den Ansatz

$$y(s) = \frac{A}{s-2i} + \frac{\bar{A}}{s+2i} + \frac{B}{s-2} + \frac{C}{s+1}, \tag{3}$$

A, B, C komplexe Konstanten. (Da $y(s)$ reelle Koeffizienten hat, sind die Koeffizienten bei $1/(s-2i)$ und $1/(s+2i)$ zueinander konjugiert komplex.) Durch Gleichsetzen von (2) und (3) entsteht die Identität

$$s^3 - s^2 + 5s - 4 = A(s+2i)(s-2)(s+1) + \bar{A}(s-2i)(s-2)(s+1)$$
$$+ B(s^2+4)(s+1) + C(s^2+4)(s-2).$$

Die Konstanten A, B, C berechnet man am schnellsten, indem man hier nacheinander $s = 2i, s = 2, s = -1$ setzt. Es ergibt sich

$$A = \frac{-3+i}{40}, \quad B = \frac{5}{12}, \quad C = \frac{11}{15},$$

d.h., es ist

$$y(s) = \frac{-3+i}{40} \frac{1}{s-2i} + \frac{-3-i}{40} \frac{1}{s+2i} + \frac{5}{12} \frac{1}{s-2} + \frac{11}{15} \frac{1}{s+1}.$$

Jetzt können wir mit Hilfe unserer Korrespondenztabelle gliedweise zurücktransformieren; wir bekommen schliesslich so

$$Y(t) = \frac{-3+i}{40} e^{2it} + \frac{-3-i}{40} e^{-2it} + \frac{5}{12} e^{2t} + \frac{11}{15} e^{-t}$$
$$= -\frac{3}{20} \cos 2t - \frac{1}{20} \sin 2t + \frac{5}{12} e^{2t} - \frac{11}{15} e^{-t}.$$

Man überzeuge sich davon, dass wir damit tatsächlich die Lösung des Anfangswertproblems (1) gefunden haben.

Beim aufgezeigten Lösungsweg mittels der Methode der Laplace-Transformation lag die Hauptschwierigkeit in der Rücktransformation, speziell in der Herstellung der Partialbruchzerlegung. Der Rechenaufwand kann da natürlich beträchtlich sein. Die Herstellung einer Partialbruchzerlegung ist jedoch ein Problem, für das man standardisierte Lösungsmethoden hat.

6.5. Gewöhnliche Differentialgleichungen

② Sei $\alpha > 0$. Man bestimme die Lösung des Anfangswertproblems

$$Y''(t) + \alpha^2 y(t) = \sin \alpha t, \tag{4a}$$

$$Y(0) = Y'(0) = 0. \tag{4b}$$

Vom Standpunkt der elementaren Theorie der inhomogenen linearen Differentialgleichungen aus betrachtet, stellt die Differentialgleichung (4a) einen Sonderfall dar, da die Störfunktion $t \to \sin \alpha t$ zugleich Lösung der zugehörigen homogenen Differentialgleichung ist.

Lösung. Sei wieder

$$Y(t) \circ\!\!-\!\!\bullet\, y(s).$$

Unter Berücksichtigung der Anfangsbedingungen (4b) haben wir gemäss dem Differentiationssatz

$$Y'(t) \circ\!\!-\!\!\bullet\, sy(s),$$
$$Y''(t) \circ\!\!-\!\!\bullet\, s^2 y(s),$$

und in der Korrespondenzentabelle lesen wir

$$\sin \alpha t \circ\!\!-\!\!\bullet\, \frac{\alpha}{s^2 + \alpha^2} \tag{5}$$

ab. Damit geht die Differentialgleichung (4a) durch die Laplace-Transformation über in die algebraische Gleichung

$$s^2 y(s) + \alpha^2 y(s) = \frac{\alpha}{s^2 + \alpha^2}.$$

Hieraus folgt

$$y(s) = \frac{\alpha}{(s^2 + \alpha^2)^2}.$$

Jetzt müssen wir zurücktransformieren. Die zu $y(s)$ gehörige Originalfunktion könnten wir entweder anhand einer Tabelle oder wieder durch Partialbruchzerlegung finden. Wir zeigen noch eine andere, elegantere Methode. Es besteht die Identität

$$y(s) = \frac{\alpha}{(s^2+\alpha^2)^2} = -\frac{1}{2s}\frac{d}{ds}\frac{\alpha}{s^2+\alpha^2}.$$

Andererseits ergibt sich aus der Korrespondenz (5) mittels des Multiplikationssatzes (Regel IV)

$$-\frac{d}{ds}\frac{\alpha}{s^2+\alpha^2} \;\bullet\!\!-\!\!\circ\; t\sin\alpha t$$

und daraus mittels des Integrationssatzes (Regel V)

$$-\frac{1}{s}\frac{d}{ds}\frac{\alpha}{s^2+\alpha^2} \;\bullet\!\!-\!\!\circ\; \int_0^t \tau\sin\alpha\tau\,d\tau = \frac{1}{\alpha^2}(-\alpha t\cos\alpha t + \sin\alpha t).$$

Also erhalten wir als Lösung von (4)

$$Y(t) = \frac{1}{2\alpha^2}(-\alpha t\cos\alpha t + \sin\alpha t).$$

Die Methode der Laplace-Transformation kann natürlich auch auf Systeme von gewöhnlichen Differentialgleichungen angewendet werden.

③ *Sympathische Pendel.* Zwei gleiche Pendel der Länge l und der Masse m seien gekoppelt durch eine Feder mit der Federkonstanten f. Es interessieren die Ausschläge Φ_1, Φ_2 in Abhängigkeit der Zeit t (s. Fig. 6.5a).

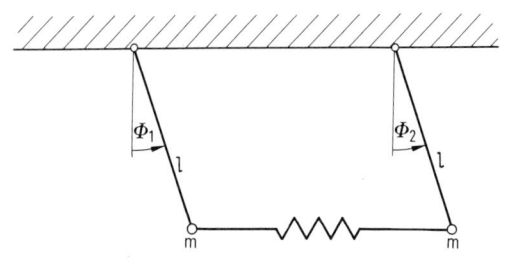

Fig. 6.5a

6.5. Gewöhnliche Differentialgleichungen

Unter der Annahme, dass die Ausschläge Φ_1 und Φ_2 klein sind, lauten die Bewegungsgleichungen

$$ml\Phi_1'' = -mg\Phi_1 - fl(\Phi_1 - \Phi_2),$$
$$ml\Phi_2'' = -mg\Phi_2 + fl(\Phi_1 - \Phi_2),$$

wobei g die Gravitationskonstante bedeutet. Der Kürze halber setzen wir

$$\omega := \sqrt{\frac{g}{l}}, \quad \alpha := \sqrt{\frac{f}{m}}.$$

Das Differentialgleichungssystem hat dann die Form

$$\left.\begin{array}{l}\Phi_1'' + \omega^2 \Phi_1 + \alpha^2 (\Phi_1 - \Phi_2) = 0, \\ \Phi_2'' + \omega^2 \Phi_2 - \alpha^2 (\Phi_1 - \Phi_2) = 0.\end{array}\right\} \quad (6a)$$

Wir wollen die Lösung für den Fall bestimmen, dass zur Zeit $t=0$ das erste Pendel im Ausschlag A ohne Anfangsgeschwindigkeit losgelassen wird und das zweite Pendel sich in Ruhe befindet, d.h., wir haben die Anfangsbedingungen

$$\Phi_1(0) = A, \quad \Phi_1'(0) = 0, \quad \Phi_2(0) = \Phi_2'(0) = 0. \quad (6b)$$

Lösung. Wir setzen

$$\Phi_1 \circ\!\!-\!\!\!-\!\!\bullet\, \phi_1, \quad \Phi_2 \circ\!\!-\!\!\!-\!\!\bullet\, \phi_2.$$

Unter Berücksichtigung der Anfangsbedingungen (6b) folgt

$$\Phi_1' \circ\!\!-\!\!\!-\!\!\bullet\, s\phi_1 - A, \quad \Phi_2' \circ\!\!-\!\!\!-\!\!\bullet\, s\phi_2,$$
$$\Phi_1'' \circ\!\!-\!\!\!-\!\!\bullet\, s^2\phi_1 - sA, \quad \Phi_2'' \circ\!\!-\!\!\!-\!\!\bullet\, s^2\phi_2.$$

Damit geht das Gleichungssystem (6a) durch die Laplace-Transformation über in

$$s^2\phi_1 - sA + \omega^2\phi_1 + \alpha^2(\phi_1 - \phi_2) = 0,$$
$$s^2\phi_2 + \omega^2\phi_2 - \alpha^2(\phi_1 - \phi_2) = 0;$$

im Bildraum liegt nun ein System von zwei linearen

Gleichungen für die beiden Unbekannten ϕ_1, ϕ_2 vor. Wir formen um:

$$(s^2+\omega^2+\alpha^2)\phi_1 - \alpha^2\phi_2 = sA,$$
$$-\alpha^2\phi_1 + (s^2+\omega^2+\alpha^2)\phi_2 = 0,$$

und lösen auf:

$$\phi_1(s) = \frac{s(s^2+\omega^2+\alpha^2)}{(s^2+\omega^2+\alpha^2)^2 - \alpha^4} A,$$

$$\phi_2(s) = \frac{s\alpha^2}{(s^2+\omega^2+\alpha^2)^2 - \alpha^4} A.$$

Zur Rücktransformation bringen wir ϕ_1, ϕ_2 auf die Gestalt

$$\phi_1(s) = \frac{s}{2}\left[\frac{1}{s^2+\omega^2} + \frac{1}{s^2+\omega^2+2\alpha^2}\right] A,$$

$$\phi_2(s) = \frac{s}{2}\left[\frac{1}{s^2+\omega^2} - \frac{1}{s^2+\omega^2+2\alpha^2}\right] A.$$

Mit Hilfe unserer Korrespondenztabelle können wir jetzt direkt zurücktransformieren. Wir erhalten

$$\Phi_1(t) = \frac{A}{2}[\cos \omega t + \cos(\sqrt{\omega^2+2\alpha^2}\,t)],$$

$$\Phi_2(t) = \frac{A}{2}[\cos \omega t - \cos(\sqrt{\omega^2+2\alpha^2}\,t)].$$

Indem wir hier die bekannten trigonometrischen Formeln für $\cos \gamma \pm \cos \delta$ anwenden und

$$\Omega := \frac{\sqrt{\omega^2+2\alpha^2}+\omega}{2}$$

6.5. Gewöhnliche Differentialgleichungen

setzen, bekommt die gesuchte Lösung schliesslich die Form

$$\Phi_1(t) = A \cos\left(\frac{\alpha^2}{2\Omega} t\right) \cos \Omega t,$$

$$\Phi_2(t) = A \sin\left(\frac{\alpha^2}{2\Omega} t\right) \sin \Omega t.$$

Man sieht, dass im Fall $\alpha \ll \omega$ die Bewegung der Pendel aus einer «schnellen» Schwingung der Frequenz $\Omega \sim \omega$ besteht, die von einer «langsamen» Schwingung der Frequenz $\alpha^2/2\Omega$ überlagert wird (s. Fig. 6.5b).

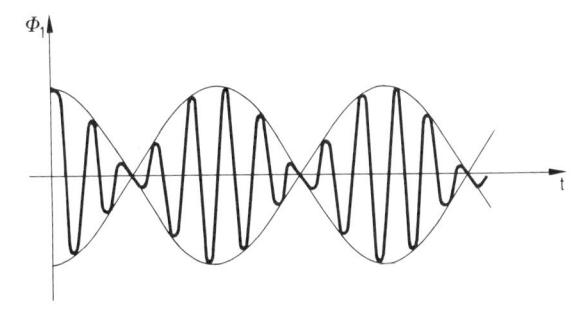

Fig. 6.5b

Bei den bis jetzt gelösten Differentialgleichungen handelte es sich immer um lineare Differentialgleichungen bzw. einem linearen Differentialgleichungssystem mit konstanten Koeffizienten. Wir zeigen zum Schluss, dass unsere Methode der Laplace-Transformation auch bei einer linearen Differentialgleichung mit variablen Koeffizienten zum Ziel führen kann.

④ Gesucht ist die Lösung der Differentialgleichung

$$Y'' + \frac{1}{t} Y' + Y = 0 \tag{7}$$

mit der Anfangsbedingung $Y(0) = 1$. Ein Blick auf die Differentialgleichung zeigt, dass hier $Y'(0)$ nicht beliebig gewählt werden kann, sondern es muss, da die Differentialgleichung auch an der singulären Stelle $t = 0$ erfüllt sein soll, $Y'(0) = 0$ sein. Die Differentialgleichung (7) ist nicht elementar lösbar.

Lösung. Sei wie üblich

$$Y(t) \circ\!\!-\!\!\bullet\, y(s).$$

Wir wenden die Laplace-Transformation auf die zu (7) äquivalente Differentialgleichung

$$tY'' + Y' + tY = 0$$

an. Mit den Regeln III und IV erhalten wir folgende Korrespondenzen:

$$tY(t) \circ\!\!-\!\!\bullet\, -y'(s),$$
$$Y'(t) \circ\!\!-\!\!\bullet\, sy(s) - 1,$$
$$Y''(t) \circ\!\!-\!\!\bullet\, s^2 y(s) - s,$$
$$tY''(t) \circ\!\!-\!\!\bullet\, -2sy(s) - s^2 y'(s) + 1.$$

Damit lautet die in den Bildraum übersetzte Differentialgleichung

$$-2sy(s) - s^2 y'(s) + 1 + sy(s) - 1 - y'(s) = 0$$

oder also

$$(s^2 + 1)y'(s) + sy(s) = 0. \qquad (8)$$

Dies ist nun immer noch eine Differentialgleichung (und nicht wie bei den vorangegangenen Beispielen eine algebraische Gleichung), doch ist die Ordnung der Differentialgleichung um 1 kleiner geworden. Wir finden die Lösung durch Trennung der Variablen. Gemäss (8) haben wir

$$\frac{dy}{y} = -\frac{s}{s^2+1}\,ds.$$

Integration beider Seiten liefert

$$\text{Log } y = -\tfrac{1}{2}\text{Log }(s^2+1) + C,$$

und hieraus erhalten wir

$$y(s) = \frac{C'}{\sqrt{s^2+1}}.$$

$y(s)$ ist nicht Bildfunktion einer elementaren Funktion. In Abschnitt 6.8 werden wir zeigen, dass

$$\frac{1}{\sqrt{s^2+1}} \bullet\!\!-\!\!\circ J_0(t)$$

gilt, wobei $J_0(t)$ die Besselsche Funktion der Ordnung 0 bezeichnet. (Wegen $J_0(0) = 1$ ist die Anfangsbedingung $Y(0) = 1$ für $C' = 1$ erfüllt.)

AUFGABEN

1. Mit Hilfe der Laplace-Transformation bestimme man die Lösung des Anfangswertproblems

$$Y' + Y = e^{-t},$$
$$Y(0) = 0.$$

Man verifiziere, dass die gefundene Funktion $Y(t)$ die gestellten Bedingungen erfüllt.

2. Bestimme die Lösung des Anfangswertproblems

$$Y'' + Y = e^{-it},$$
$$Y(0) = 0, \qquad Y'(0) = 1.$$

3. Zwei Schwungräder (Trägheitsmomente θ_1, θ_2) sind durch eine elastische Welle von vernachlässigbarem

Trägheitsmoment miteinander gekoppelt. Welle und Räder drehen sich zunächst mit konstanter Winkelgeschwindigkeit ω. Zur Zeit $t = 0$ wird an das erste Rad eine Bremse angelegt (Bremsmoment $\mu = $ const.). Man bestimme die resultierende Winkelgeschwindigkeit des zweiten Rades und zeichne sie graphisch auf.

Anleitung: Seien Φ_1, Φ_2 die Drehwinkel der Räder, λ die Steifigkeit der Welle. Dann lauten die Differentialgleichungen

$$\theta_1 \Phi_1'' - \lambda(\Phi_2 - \Phi_1) = \mu,$$
$$\theta_2 \Phi_2'' + \lambda(\Phi_2 - \Phi_1) = 0;$$

die Anfangsbedingungen sind

$$\Phi_1(0) = \Phi_2(0) = 0, \qquad \Phi_1'(0) = \Phi_2'(0) = \omega.$$

Gesucht ist $\Phi_2'(t)$.

4. Man löse das Anfangswertproblem

$$Y''' + Y = e^{-t},$$
$$Y(0) = Y'(0) = Y''(0) = 0.$$

(Hinweis: Partialbruchzerlegung = Summe der Hauptteile.)

5. Sei a eine komplexe Zahl. Durch Laplace-Transformation bestimme man die Taylor-Reihe bei $t = 0$ einer Lösung der Differentialgleichung

$$tY'' + (1-t)Y' + aY = 0,$$

welche die Anfangsbedingung $Y(0) = 1$ befriedigt. Für welche Werte von a ist die gefundene Lösung ein Polynom?

6. Die beiden Originalfunktionen X und Y befriedigen die Anfangsbedingungen $X(0) = 0$, $Y(0) = 1$ und das Differentialgleichungssystem

$$X' = Y, \qquad Y' = -X + t.$$

Man bestimme $X(t)$.

6.6. Die Übertragungsfunktion

Wir betrachten einen *elektrischen Schwingkreis* (s. Fig. 6.6a).

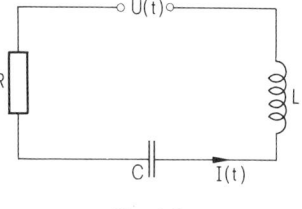

Fig. 6.6a

Bezeichnungen:

- R: Ohmscher Widerstand
- C: Kapazität des Kondensators
- L: Induktivität der Spule
- $I(t)$: Stromstärke in Abhängigkeit der Zeit t
- $U(t)$: angelegte Spannung in Abhängigkeit der Zeit t

Der Spannungsabfall ist

beim Widerstand: $\quad U_R := RI,$

beim Kondensator: $\quad U_C := Q_0 + \frac{1}{C}\int_0^t I(\tau)\,\mathrm{d}\tau,$

bei der Spule: $\quad U_L := L\dfrac{\mathrm{d}I}{\mathrm{d}t},$

wobei Q_0 die Ladung des Kondensators zur Zeit $t=0$ bedeutet. Wir betrachten hier speziell Einschaltvorgänge, d.h., wir nehmen an

$$Q_0 = 0, \quad I(0) = 0.$$

Nach dem *Kirchhoffschen Gesetz* ist die Summe der

Spannungsabfälle gleich der angelegten Spannung:

$$U_R + U_C + U_L = U(t).$$

Für den Schwingkreis gilt somit die Gleichung

$$RI + \frac{1}{C}\int_0^t I(\tau)\,d\tau + L\frac{dI}{dt} = U(t); \qquad (1)$$

dies ist eine sogenannte *Integrodifferentialgleichung*.

Wir übersetzen jetzt das Problem in den Bildraum der Laplace-Transformation. Sei

$$I(t) \circ\!\!-\!\!\bullet\, i(s), \qquad U(t) \circ\!\!-\!\!\bullet\, u(s).$$

Gemäss dem Differentiationssatz (Regel III) erhalten wir unter Berücksichtigung von $I(0) = 0$

$$\frac{dI}{dt} \circ\!\!-\!\!\bullet\, s\,i(s)$$

und gemäss dem Integrationssatz (Regel V)

$$\int_0^t I(\tau)\,d\tau \circ\!\!-\!\!\bullet\, \frac{i(s)}{s}.$$

Damit geht (1) durch die Laplace-Transformation über in die Gleichung

$$Ri(s) + \frac{1}{sC}i(s) + sLi(s) = u(s).$$

Indem wir nach $i(s)$ auflösen, ergibt sich

$$i(s) = g(s)u(s) \qquad (2)$$

mit

$$g(s) := \frac{1}{R + \dfrac{1}{sC} + sL}.$$

6.6. Die Übertragungsfunktion

Die Funktion $g : s \to g(s)$ heisst die **Übertragungsfunktion** des Schwingkreises.

Schematisch gesehen haben wir es hier mit einem «System» zu tun mit einem *Input*, die angelegte Spannung, und einem *Output*, der fliessende Strom (s. Fig. 6.6b). Jeder

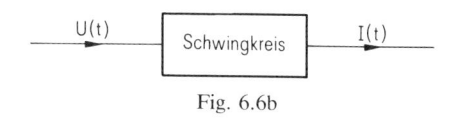

$$U(t) \longrightarrow \boxed{\text{Schwingkreis}} \longrightarrow I(t)$$

Fig. 6.6b

Input erzeugt einen gewissen Output. Im physikalischen Raum hängen Input und Output durch eine komplizierte Funktionalgleichung zusammen. Im Bildraum hingegen haben wir den äusserst einfachen Sachverhalt (2): *Die Bildfunktion des Output ist gleich dem Produkt der Bildfunktion des Input mit der Übertragungsfunktion* (s. Fig. 6.6c).

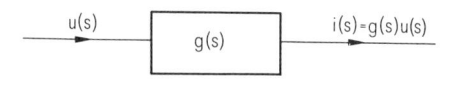

$$u(s) \longrightarrow \boxed{g(s)} \longrightarrow i(s) = g(s)u(s)$$

Fig. 6.6c

Ein System, dessen Funktionieren im Bildraum durch eine Gleichung der Form (2) beschrieben wird, heisst **linear.** Die aus den üblichen Schaltelementen aufgebauten elektrischen Stromkreise sind i.allg. lineare Systeme. Daneben gibt es eine Reihe weiterer physikalischer Systeme (mechanische, akustische, ...), die linear sind.

Beziehung (2) gilt für eine beliebige angelegte Spannung $U(t)$. Wir berechnen jetzt den Spezialfall einer Wechselspannung

$$U(t) := U_0 \cos \omega_0 t.$$

Es interessiert der Output $I(t)$, und zwar interessiert der Dauerzustand; der vom Einschwingvorgang herrührende

Beitrag soll vernachlässigt werden. Mit
$$U(t) \circ\!\!-\!\!\bullet \frac{s}{s^2+\omega_0^2} U_0$$
erhalten wir nach (2)
$$i(s) = \frac{1}{R+\dfrac{1}{sC}+sL} \frac{s}{s^2+\omega_0^2} U_0$$
$$= \frac{s^2}{(s^2L+sR+1/C)(s^2+\omega_0^2)} U_0.$$

Zur Rücktransformation zerlegen wir $i(s)$ in Partialbrüche. Die Nullstellen des Nenners sind
$$s_1 := i\omega_0, \qquad s_2 := -i\omega_0$$
und die beiden Pole s_3, s_4 der Übertragungsfunktion. Unter der Annahme $s_3 \neq s_4$ (d.h. $R^2 \neq 4L/C$) hat also die Partialbruchzerlegung die Form

$$i(s) = \frac{A}{s-i\omega_0} + \frac{\bar{A}}{s+i\omega_0} + \frac{B}{s-s_3} + \frac{C}{s-s_4}. \tag{3}$$

(Die Koeffizienten von $i(s)$ sind reell, so dass die Koeffizienten bei $1/(s-i\omega_0)$ und $1/(s+i\omega_0)$ zueinander konjugiert komplex sind.) Wir nehmen für den Moment an, die Konstanten A, B, C seien bereits bestimmt. In unserer Korrespondenztabelle finden wir

$$\frac{1}{s-s_k} \bullet\!\!-\!\!\circ e^{s_k t}.$$

Der Betrag der Exponentialfunktion $s \to e^{s_k t}$

wächst mit wachsendem t exponentiell, falls $\operatorname{Re} s_k > 0$,
fällt mit wachsendem t exponentiell, falls $\operatorname{Re} s_k < 0$,
bleibt konstant gleich 1, falls $\operatorname{Re} s_k = 0$.

6.6. Die Übertragungsfunktion

In unserem Fall ist
$$\operatorname{Re} s_1 = \operatorname{Re} s_2 = 0$$
und, vorausgesetzt $R > 0$,
$$\operatorname{Re} s_3 < 0, \qquad \operatorname{Re} s_4 < 0.$$

Das bedeutet aber, dass die zu den beiden letzten Termen in (3) gehörigen Originalfunktionen mit wachsendem t exponentiell abnehmen; sie rühren vom Einschwingvorgang her. Zur Bestimmung des Dauerzustandes genügt es somit, die Konstante A zu berechnen. Unter Anwendung des Korollars zu Satz 5.8b finden wir

$$A = \operatorname{Res} \frac{\dfrac{s^2}{s^2 L + sR + 1/C}}{s^2 + \omega_0^2} U_0 \bigg|_{s=i\omega_0}$$

$$= \frac{\dfrac{-\omega_0^2}{-\omega_0^2 L + i\omega_0 R + 1/C}}{2i\omega_0} U_0$$

$$= \frac{U_0}{2\left(i\omega_0 L + R + \dfrac{1}{i\omega_0 C}\right)}.$$

Damit erhalten wir schliesslich als Dauerzustand
$$I(t) = A e^{i\omega_0 t} + \bar{A} e^{-i\omega_0 t}$$
$$= 2 \operatorname{Re}[A e^{i\omega_0 t}],$$
also
$$I(t) = U_0 \operatorname{Re}\left[\frac{1}{R + i\omega_0 L + \dfrac{1}{i\omega_0 C}} e^{i\omega_0 t}\right].$$

Man hätte dieses Resultat natürlich auch auf klassischem Weg mittels eines geeigneten «Ansatzes» finden können. Unser Verfahren hat jedoch den Vorteil, dass der

Einschwingvorgang frühzeitig vom Dauerzustand abgetrennt werden kann.

Kehren wir nochmals zurück zu den Gesetzen, nach denen sich die Spannungsabfälle über *R*, *C*, *L* berechnen. Setzen wir

$U_R(t) \circ\!\!-\!\!-\!\!\bullet u_R(s),$

$U_C(t) \circ\!\!-\!\!-\!\!\bullet u_C(s),$

$U_L(t) \circ\!\!-\!\!-\!\!\bullet u_L(s),$

so lauten die Gesetze im Bildraum

$$u_R(s) = R i(s),$$

$$u_C(s) = \frac{1}{sC} i(s),$$

$$u_L(s) = sL i(s).$$

Wie man sieht, sind im Bildraum alle drei Gesetze von der Form des *Ohmschen Gesetzes*

$$u(s) = z(s) i(s),$$

wobei

beim Widerstand $\quad z(s) =: z_R(s) = R,$

beim Kondensator $\quad z(s) =: z_C(s) = \dfrac{1}{sC},$

bei der Spule $\quad z(s) =: z_L(s) = sL.$

Mann nennt z_R, z_C, z_L bzw. den **Bildwiderstand** oder die **Impedanz** des Ohmschen Widerstandes, des Kondensators, der Spule. Im Bildraum gelten damit bezüglich der Bildwiderstände die gleichen Regeln wie im Originalraum bezüglich Ohmscher Widerstände: *Bei zwei in Serie geschalteten Stromkreisen mit den Bildwiderständen z_1, z_2 erhält man als gesamten Bildwiderstand*

$$z = z_1 + z_2;$$

bei zwei parallel geschalteten Stromkreisen mit den Bildwiderständen z_1, z_2 *gilt für den gesamten Bildwiderstand* z

$$\frac{1}{z} = \frac{1}{z_1} + \frac{1}{z_2}.$$

Rechnen mit Übertragungsfunktionen

Gegeben seien zwei lineare Systeme mit den Übertragungsfunktionen g_1 bzw. g_2. Die beiden Systeme seien in Serie geschaltet, d.h., der Output des ersten Systems wird als Input des zweiten Systems benutzt (s. Fig. 6.6d). Es seien F_1 der Input des ersten Systems, F_2 der Output des ersten Systems bzw. der Input des zweiten Systems, F_3 der Output des zweiten Systems. Welches ist die Übertragungsfunktion des kombinierten Systems?

Originalraum

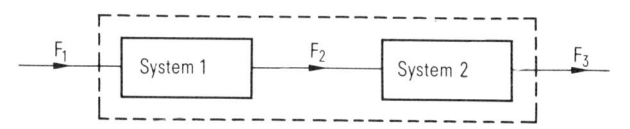

$F_1 \longrightarrow$ System 1 $\xrightarrow{F_2}$ System 2 $\longrightarrow F_3$

Bildraum

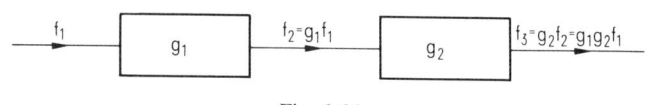

$f_1 \longrightarrow \boxed{g_1} \xrightarrow{f_2 = g_1 f_1} \boxed{g_2} \xrightarrow{f_3 = g_2 f_2 = g_1 g_2 f_1}$

Fig. 6.6d

Bezeichnen f_1, f_2, f_3 bzw. die Bildfunktionen von F_1, F_2, F_3, so gilt also

$$f_2(s) = g_1(s) f_1(s),$$
$$f_3(s) = g_2(s) f_2(s).$$

Es folgt
$$f_3(s) = g_1(s)g_2(s)f_1(s).$$

Mit andern Worten: Wir haben den

SATZ 6.6a. *Werden zwei lineare Systeme in Serie geschaltet, so ist die Übertragungsfunktion des kombinierten Systems gleich dem Produkt der Übertragungsfunktionen der einzelnen Systeme.*

Eine andere wichtige Kombination von linearen Systemen, die mittels Übertragungsfunktionen elegant behandelt werden kann, ist die *Rückkoppelung*. Ein Teil des Output eines linearen Systems, αF_2 ($1/\alpha$: Verstärkungsfaktor), wird dazu benutzt, eine Steuerung zu bedienen, die selbst auch wieder ein lineares System sei. Der Output F_3 der Steuerung wird dann vom Input F_1 des Gesamtsystems abgezogen (s. Fig. 6.6e).

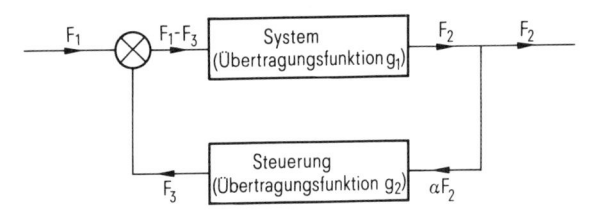

Fig. 6.6e

Sei g_1 die Übertragungsfunktion des Systems, g_2 die Übertragungsfunktion der Steuerung. Wir haben im Bildraum die Beziehungen
$$f_2 = g_1(f_1 - f_3),$$
$$f_3 = g_2(\alpha f_2) = \alpha g_2 f_2.$$
Hieraus ergibt sich
$$f_2 = g_1 f_1 - \alpha g_1 g_2 f_2$$

und somit
$$f_2 = \frac{g_1}{1+\alpha g_1 g_2} f_1.$$
Es gilt also:

SATZ 6.6b. *Die Übertragungsfunktion eines Rückkoppelungssystems ist*
$$g := \frac{g_1}{1+\alpha g_1 g_2},$$
wobei g_1 die Übertragungsfunktion des Systems ohne Rückkoppelung bezeichnet, g_2 die Übertragungsfunktion der Steuerung und $1/\alpha$ den Verstärkungsfaktor.

Die Stossantwort

Wie kann ein Spannungsstoss der integrierten Stärke 1 mathematisch erfasst werden? Wir betrachten die Impulsfunktion

$$I_h : t \to \begin{cases} \dfrac{1}{h} & \text{für } 0 \le t \le h, \\ 0, & \text{sonst.} \end{cases} \qquad (4)$$

I_h stellt einen Rechtecksimpuls der Stärke $1/h$ und der Zeitdauer h dar; es ist

$$\int_{-\infty}^{\infty} I_h(t)\,dt = 1 \qquad (5)$$

(s. Fig. 6.6f). Für sehr kleines h wird durch I_h der Vorgang eines Stosses der integrierten Stärke 1 zur Zeit $t=0$ annähernd wiedergegeben. Es ist jedoch wünschenswert, eine Darstellung des Stosses zu haben, die von h unabhängig ist und mit der die «Augenblicklichkeit» des Vorgangs erfasst wird. Dies wird nun dadurch erreicht, dass man zur Grenze

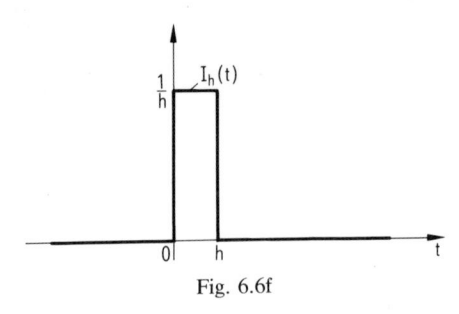

Fig. 6.6f

$h \to 0$ übergeht. Durch den Grenzübergang $h \to 0$ entsteht aus (4) die sogenannte **Diracsche δ-Funktion**

$$\delta : t \to \begin{cases} \infty & \text{für} \quad t = 0, \\ 0 & \text{für} \quad t \neq 0 \end{cases}$$

(benannt nach dem englischen Physiker Paul A. M. Dirac, *1902). Aus (5) folgt

$$\int_{-\infty}^{\infty} \delta(t)\, dt = 1. \tag{6}$$

Die δ-Funktion ist natürlich keine Funktion im üblichen Sinn, da der Funktionswert bei $t = 0$ nicht endlich ist, und das Integral (6) ist kein gewöhnliches Integral, da eben nicht über eine «richtige» Funktion integriert wird. Nichtsdestotrotz leistet die δ-Funktion zur Erfassung des physikalischen Vorgangs eines Stosses oder Schlages gute Dienste. (Eine strenge mathematische Begründung der δ-Funktion ist möglich; sie erfolgt innerhalb der Theorie der sogenannten *Distributionen*.)

Welches ist die Laplace-Transformierte der δ-Funktion? Wir denken uns die Impulsfunktion I_h erzeugt durch Überlagerung der beiden Heavisideschen Sprungfunktionen

$$\frac{1}{h} H(t), \qquad \frac{1}{h} H(t-h)$$

(s. Fig. 6.6g).

6.6. Die Übertragungsfunktion

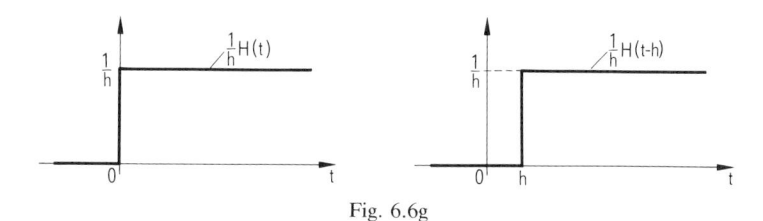

Fig. 6.6g

Es gilt

$$\frac{1}{h} H(t) \circ\!\!\!-\!\!\!\bullet \frac{1}{hs}$$

und gemäss Verschiebungssatz (Regel VII)

$$\frac{1}{h} H(t-h) \circ\!\!\!-\!\!\!\bullet e^{-hs} \cdot \frac{1}{hs}.$$

Damit ergibt sich als Laplace-Transformierte von I_h

$$I_h(t) = \frac{1}{h}[H(t) - H(t-h)] \circ\!\!\!-\!\!\!\bullet \frac{1 - e^{-hs}}{hs}.$$

Da bekanntlich

$$\lim_{h \to 0} \frac{1 - e^{-hs}}{hs} = 1,$$

liefert nun der Grenzübergang $h \to 0$

$$\delta(t) \circ\!\!\!-\!\!\!\bullet 1.$$

Die Laplace-Transformierte der δ-Funktion ist also die konstante Funktion

$$f: s \to 1.$$

Dies steht scheinbar im Widerspruch zu Satz 6.3b, wonach eine Laplace-Transformierte im Unendlichen verschwindet. Der «Widerspruch» rührt natürlich daher, dass die δ-Funktion keine Originalfunktion ist.

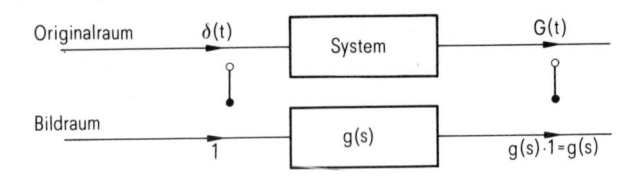

Fig. 6.6h

Wie reagiert nun ein lineares System auf einen Stoss $\delta(t)$? Sei $g(s)$ die Übertragungsfunktion des Systems. Dem Input $\delta(t)$ im Originalraum entspricht der Input 1 im Bildraum (s. Fig. 6.6h). Also haben wir im Bildraum den Output

$$g(s) \cdot 1 = g(s).$$

Dies bedeutet aber, dass im Originalraum der Output die zur Übertragungsfunktion $g(s)$ gehörige Originalfunktion $G(t)$ ist. Man definiert sinngemäss:

DEFINITION. *Die zur Übertragungsfunktion eines linearen Systems gehörige Originalfunktion heisst die* **Stossantwort** *des Systems:*

Übertragungsfunktion $g(s)$ ●——○ *Stossantwort $G(t)$.*

Stabilität

Man wird sagen, ein System sei «stabil», wenn es nach einer Erregung in Form eines kurzen Stosses wieder dem Ruhezustand zustrebt. Dementsprechend definieren wir nun:

DEFINITION. *Ein lineares System heisst* **stabil,** *wenn für die Stossantwort $G(t)$*

$$\lim_{t \to \infty} G(t) = 0 \tag{7}$$

gilt.

Was bedeutet Bedingung (7) für die Übertragungsfunktion $g(s)$? Ist $g(s)$, wie bei dem am Anfang dieses Abschnittes betrachteten Stromkreis, eine rationale Funktion mit $g(\infty) = 0$ (d.h., der Grad des Nennerpolynoms ist grösser als der Grad des Zählerpolynoms), so kann leicht eine notwendige und hinreichende Bedingung für $g(s)$ angegeben werden, so dass (7) erfüllt ist. Es sei s_k eine Polstelle der Ordnung m_k von $g(s)$. s_k liefert zur Partialbruchzerlegung von $g(s)$ den Beitrag

$$r_k(s) := \frac{A_1}{s-s_k} + \frac{A_2}{(s-s_k)^2} + \cdots + \frac{A_{m_k}}{(s-s_k)^{m_k}},$$

$A_1, A_2, \ldots, A_{m_k}$ komplexe Konstanten. Indem wir $r_k(s)$ zurücktransformieren, erhalten wir den von s_k stammenden Beitrag zur Stossantwort $G(t)$:

$$r_k(s) \bullet\!\!-\!\!\!-\!\!\circ R_k(t) = \left[A_1 + A_2 t + \cdots + \frac{A_{m_k}}{(m_k-1)!} t^{m_k-1} \right] e^{s_k t}$$

(vgl. Beispiel ⑤, Abschnitt 6.4). $R_k(t)$ geht aber für $t \to \infty$ dann und nur dann gegen Null, wenn $\operatorname{Re} s_k < 0$. Hieraus folgt:

SATZ 6.6c. *Ein lineares System mit einer rationalen Übertragungsfunktion g, $g(\infty) = 0$, ist genau dann stabil, wenn alle Polstellen von g in der linken Halbebene liegen.*

Damit läuft die Frage nach der Stabilität eines linearen Systems auf die Frage hinaus, ob die Nullstellen des Nennerpolynoms der Übertragungsfunktion alle in der linken Halbebene liegen. Diese Frage kann mit Hilfe der sogenannten *Stabilitätskriterien* entschieden werden, ohne dass die Nullstellen explizit bestimmt werden müssen. Die gebräuchlichsten Kriterien sind das *Routh–Hurwitz*-Kriterium, ein rein algebraisches Kriterium, und das *Nyquist*-Kriterium, das aufgrund des Verlaufs des *Frequenzganges* $g(i\omega)$, $-\infty < \omega < \infty$, Aussagen über die Stabilität macht.

AUFGABEN

1. Ein lineares Übertragungssystem liefert für den Input

$$F_1 : t \to \cos \omega t \quad (t > 0)$$

den Output

$$F_2 : t \to \sin^2 \omega t.$$

(a) Welches ist die Übertragungsfunktion des Systems?
(b) Welches ist die Stossantwort?
(c) Ist das System stabil?

2. Es sei $L > 4R^2 C$. Wir betrachten den in Fig. 6.6i dargestellten Stromkreis.

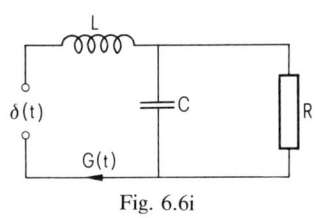

Fig. 6.6i

(a) Man bestimme die Übertragungsfunktion.
(b) Man bestimme die Stossantwort.

3. Ein in Ruhe befindlicher, schwach gedämpfter Stromkreis ($R^2 < 4L/C$) wird zur Zeit $t = 0$ durch einen sehr kurzen Spannungsstoss erregt (s. Fig. 6.6j). Nach welcher Zeit t_0 wird der Strom im Kreis zum ersten Mal wieder Null?

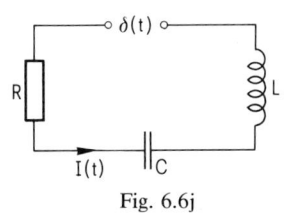

Fig. 6.6j

6.7. *Die Faltung*

Problem: Gegeben seien zwei Originalfunktionen F, G und ihre Bildfunktionen f, g:

$$F \circ\!\!-\!\!\bullet f, \qquad G \circ\!\!-\!\!\bullet g.$$

Wie hängt die zum Produkt der Bildfunktionen fg gehörige Originalfunktion von F und G ab?

Es sei gleich bemerkt, dass die zu fg gehörige Originalfunktion i.allg. nicht FG ist. So gilt z.B. für die Heavisidesche Sprungfunktion

$$H(t) \circ\!\!-\!\!\bullet \frac{1}{s}.$$

Die Bildfunktion von $[H(t)]^2 = H(t)$ ist aber nicht $1/s^2$.

Bei der Lösung obigen Problems lassen wir uns vom Beispiel des linearen Systems leiten. Wir stellen uns vor, f sei die Bildfunktion des Input eines linearen Systems, g die Übertragungsfunktion, und entsprechend F der Input im Originalraum, G die Stossantwort. Die gesuchte zum Produkt

$$f_1 := fg$$

gehörige Originalfunktion F_1 ist dann der Output des Systems (s. Fig. 6.7a).

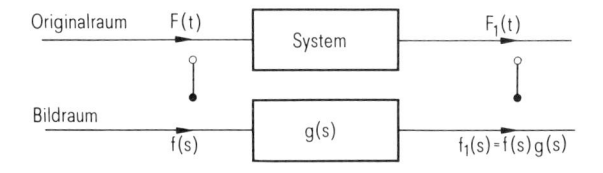

Fig. 6.7a

Wir versuchen nun den Output F_1 durch den Input F und die Stossantwort G auszudrücken. Dazu zerlegen wir den Input F in einzelne kurze Stösse der Dauer h (s. Fig. 6.7b).

Fig. 6.7b

Sei $t_n := nh$, $n = 0, 1, 2, \ldots$ Der n-te Stoss (der zwischen den Zeiten t_n und t_{n+1} stattfindet) hat nach dem Mittelwertsatz der Integralrechnung die integrierte Stärke

$$h \cdot F(t_n^*),$$

wobei t_n^* ein geeigneter, zwischen t_n und t_{n+1} liegender Wert ist. Welches ist die Antwort auf einen solchen Einzelstoss? Wir überlegen uns folgendes:

$G(t) =$ Antwort auf einen Stoss der integrierten Stärke 1 zur Zeit $t = 0$

$G(t - t_n) =$ Antwort auf einen Stoss der integrierten Stärke 1 zur Zeit $t = t_n$

$AG(t - t_n) =$ Antwort auf einen Stoss der integrierten Stärke A zur Zeit $t = t_n$

Also ist die Antwort auf den n-ten Stoss

$$hF(t_n^*)G(t - t_n).$$

Wegen der Linearität des Systems ist nun die Antwort auf den gesamten Input zur Zeit t gleich der Summe der Antworten auf die vorangegangenen Einzelstösse. Bezeichnet

n_{max} das grösste n derart, dass $t_n < t$, so haben wir also

$$F_1(t) \approx \sum_{n=0}^{n_{max}} F(t_n^*)G(t-t_n)h. \tag{1}$$

Die Approximation von F durch Einzelstösse ist um so besser, je kleiner h ist. Dies lässt vermuten, dass der Grenzwert $h \to 0$ den exakten Output $F_1(t)$ liefert. Beim Grenzübergang $h \to 0$ geht die Summe (1) in ein Integral über, und wir erhalten (oder angesichts der heuristischen Herleitung besser gesagt, wir vermuten)

$$F_1(t) = \int_0^t F(\tau)G(t-\tau)\,d\tau$$

oder also

$$fg \bullet\!\!-\!\!\circ \int_0^t F(\tau)G(t-\tau)\,d\tau. \tag{2}$$

Man definiert:

DEFINITION. *Seien F, G Originalfunktionen. Dann heisst die Funktion*

$$t \to \int_0^t F(\tau)G(t-\tau)\,d\tau \quad \textit{für alle } t$$

die **Faltung** *von F und G, Bezeichnung*

$$F * G.$$

Damit lautet unsere Vermutung (2)

$$fg \bullet\!\!-\!\!\circ F * G.$$

Es gilt nun in der Tat der

SATZ 6.7a (***Faltungssatz***). *Seien F, G Originalfunktionen und f, g ihre Laplace-Transformierten:*

$$F \circ\!\!-\!\!\bullet f, \quad G \circ\!\!-\!\!\bullet g.$$

Dann ist F∗G ebenfalls eine Originalfunktion, und es gilt

$$F*G \circ\!\!-\!\!\bullet fg\,;$$

in Worten: Die zum Produkt fg gehörige Originalfunktion ist die Faltung von F und G.

Wir führen jetzt den *Beweis* von Satz 6.7a, ohne von der Theorie der linearen Systeme Gebrauch zu machen. Zunächst überzeugt man sich leicht davon, dass mit F und G auch $F*G$ Originalfunktion ist. Laut Definition der Laplace-Transformation gilt

$$F*G(t) = \int_0^t F(\tau)G(t-\tau)\,d\tau$$

$$\circ\!\!-\!\!\bullet \int_0^\infty e^{-st}\left[\int_0^t F(\tau)G(t-\tau)\,d\tau\right]dt.$$

Wir vertauschen im Laplace-Integral die Integrationsreihenfolge. (Der Winkelraum, über den integriert wird (s. Fig. 6.7c), wird statt in vertikale in horizontale Streifen zerlegt.) Man erhält so nacheinander

$$F*G(t) \circ\!\!-\!\!\bullet \int_0^\infty \left[\int_\tau^\infty e^{-st}F(\tau)G(t-\tau)\,dt\right]d\tau$$

$$= \int_0^\infty F(\tau)\left[\int_\tau^\infty e^{-st}G(t-\tau)\,dt\right]d\tau$$

$$= \int_0^\infty F(\tau)\left[\int_0^\infty e^{-s(u+\tau)}G(u)\,du\right]d\tau$$

$$= \int_0^\infty F(\tau)e^{-s\tau}\left[\int_0^\infty e^{-su}G(u)\,du\right]d\tau$$

$$= g(s)\int_0^\infty e^{-s\tau}F(\tau)\,d\tau$$

$$= g(s)f(s),$$

was zu beweisen war.

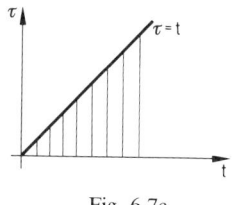

Fig. 6.7c

Nach obigem hat der Faltungssatz für lineare Systeme folgende Bedeutung:

SATZ 6.7b. *Der Output eines linearen Systems entsteht durch Faltung des Input und der Stossantwort.*

BEISPIELE

① Sei F eine beliebige Originalfunktion und $\alpha > 0$. Wir lösen die Differentialgleichung

$$Y''(t) + \alpha^2 Y(t) = F(t)$$

unter den Anfangsbedingungen

$$Y(0) = Y'(0) = 0.$$

Mit

$$Y(t) \circ\!\!-\!\!\!-\!\!\bullet y(s),$$
$$F(t) \circ\!\!-\!\!\!-\!\!\bullet f(s)$$

geht die Differentialgleichung durch die Laplace-Transformation über in die Gleichung

$$s^2 y(s) + \alpha^2 y(s) = f(s).$$

Es folgt

$$y(s) = \frac{f(s)}{s^2 + \alpha^2}.$$

Zur Rücktransformation fassen wir $y(s)$ als Produkt der

beiden Bildfunktionen

$$f(s), \quad g(s) := \frac{1}{s^2 + \alpha^2}$$

auf:

$$y(s) = f(s)g(s).$$

In der Korrespondenzentabelle findet man

$$g(s) \bullet\!\!-\!\!\!-\!\!\circ G(t) = \frac{1}{\alpha} \sin \alpha t.$$

Anwendung des Faltungssatzes liefert nun

$$Y(t) = F * G(t) = \int_0^t F(\tau) G(t-\tau) \, d\tau$$
$$= \frac{1}{\alpha} \int_0^t F(\tau) \sin [\alpha(t-\tau)] \, d\tau.$$

Dieses Resultat kann auf klassischem Weg mittels «Variation der Konstanten» gewonnen werden.

② Welches ist die Laplace-Transformierte der Funktion

$$t \to \sqrt{t}?$$

Laut Tabelle gilt:

$$1 \circ\!\!-\!\!\!-\!\!\bullet \frac{1}{s}$$

$$t \circ\!\!-\!\!\!-\!\!\bullet \frac{1}{s^2}$$

$$t^2 \circ\!\!-\!\!\!-\!\!\bullet \frac{2}{s^3}$$

$$t^3 \circ\!\!-\!\!\!-\!\!\bullet \frac{6}{s^4}$$

In der linken Kolonne nehmen die Exponenten jeweils um 1 zu, in der rechten um 1 ab. Dies führt zum Ansatz

$$\sqrt{t} \circ\!\!-\!\!\!-\!\!\bullet \frac{C}{s^{3/2}};$$

die Konstante C ist zu bestimmen. Nach dem Faltungssatz bekommen wir einerseits

$$\sqrt{t} * \sqrt{t} \circ\!\!-\!\!\!-\!\!\bullet \frac{C^2}{s^3}, \tag{3}$$

andererseits findet man

$$\sqrt{t} * \sqrt{t} = \int_0^t \sqrt{\tau(t-\tau)}\, d\tau = \frac{\pi}{8} t^2 \circ\!\!-\!\!\!-\!\!\bullet \frac{\pi}{4s^3}. \tag{4}$$

(Das Faltungsintegral stellt gerade die Hälfte der Fläche des Kreises vom Radius $t/2$ mit dem Mittelpunkt $(t/2,0)$ dar.) Vergleich von (3) und (4) liefert

$$C = \frac{\sqrt{\pi}}{2}$$

oder also

$$\sqrt{t} \circ\!\!-\!\!\!-\!\!\bullet \frac{\sqrt{\pi}}{2s^{3/2}} \quad \text{(Hauptwert)}. \tag{5}$$

(Das Vorzeichen der Wurzel ist dadurch bestimmt, dass die Bildfunktion für $s > 0$ positiv sein muss.)

Anwendung: Mittels des Differentiationssatzes erhalten wir aus (5)

$$\frac{1}{2\sqrt{t}} \circ\!\!-\!\!\!-\!\!\bullet s \frac{\sqrt{\pi}}{2s^{3/2}} = \frac{\sqrt{\pi}}{2\sqrt{s}} \quad \text{(Hauptwert)},$$

also

$$\frac{1}{\sqrt{t}} \circ\!\!-\!\!\!-\!\!\bullet \frac{\sqrt{\pi}}{\sqrt{s}} \quad \text{(Hauptwert)}. \tag{6}$$

Die Korrespondenz (6) lässt sich aufgrund der Definition der Laplace-Transformation leicht bestätigen. Gemäss Definition gilt

$$\frac{1}{\sqrt{t}} \circ\!\!-\!\!\bullet \int_0^\infty e^{-st}\frac{1}{\sqrt{t}}\,dt.$$

Indem wir im Laplace-Integral $\sigma^2 := st$, $dt = 2\sigma\,d\sigma/s$, substituieren, ergibt sich

$$\frac{1}{\sqrt{t}} \circ\!\!-\!\!\bullet \frac{2}{\sqrt{s}}\int_0^\infty e^{-\sigma^2}\,d\sigma = \frac{\sqrt{\pi}}{\sqrt{s}},$$

wie oben.

Zu (6) ist zu bemerken, dass die Funktion $t \to 1/\sqrt{t}$ keine Originalfunktion ist, denn sie ist ja bei $t = 0$ unbeschränkt. Da aber $t \to 1/\sqrt{t}$ bei $t = 0$ uneigentlich integrabel ist, existiert die Laplace-Transformierte trotzdem.

Rechenregeln für die Faltung

Die Faltung kann als eine neue algebraische Operation zwischen zwei Originalfunktionen aufgefasst werden. Es gelten die Rechenregeln:

(i) $F * G = G * F$ (kommutatives Gesetz)
(ii) $(F * G) * H = F * (G * H)$ (assoziatives Gesetz)
(iii) $F * (G + H) = (F * G) + (F * H)$ (distributives Gesetz)

Für den *Beweis* der Regeln (i), (ii), (iii) braucht man sich nur zu überlegen, dass jeweils die Funktionen auf der linken und rechten Seite dieselbe Bildfunktion haben. Wegen der Eineindeutigkeit der Laplace-Transformation folgt daraus, dass die Funktionen identisch sein müssen.

AUFGABEN

1. Durch Anwendung des Faltungssatzes berechne man die Integrale

(a) $\int_0^t \cos\tau \sin(t-\tau)\,d\tau$,

(b) $\int_0^t e^\tau e^{(t-\tau)}\,d\tau$.

2. Seien m und n natürliche Zahlen. Die Funktion

$$F: t \to \int_0^t \tau^m (t-\tau)^n\,d\tau$$

kann als Faltung gedeutet werden. Man benutze diesen Umstand zur Bestimmung von F. Welchen Wert haben folglich die Integrale

$$I_{m,n} := \int_0^1 \tau^m (1-\tau)^n\,d\tau\,?$$

3. Durch Anwendung des Faltungssatzes berechne man

$$I := \int_0^5 \frac{1}{\sqrt{\tau(5-\tau)}}\,d\tau.$$

4. Das Integral

$$\int_0^2 \sqrt{\frac{2-\tau}{\tau}}\,d\tau$$

kann als Faltung gedeutet werden. Welchen Wert hat das Integral folglich?

5. Das Integral

$$\int_{-1}^1 \sqrt{\frac{1-x}{1+x}}\,dx$$

kann nach der Substitution $x+1=:\tau$ als Faltungsintegral aufgefasst werden. Man benutze diesen Umstand zur Auswertung des Integrals.

6. Es sei F eine genügend oft differenzierbare Originalfunktion. Welchen Wert hat das Integral

$$G(t) := \tfrac{1}{6} \int_0^t (t-\tau)^3 F^{(4)}(\tau) \, d\tau \,?$$

7. Zeige: Es gibt keine Originalfunktion, welche der Funktionalgleichung

$$F' = F * F$$

genügt.

8. Bestimme sämtliche Lösungen der Funktionalgleichung

$$\int_0^t F(\tau) \, d\tau = F * F(t).$$

9. Man bestimme diejenigen Funktionen F, welche für $t > 0$ der Integralgleichung

$$\int_0^t F(\tau) F(t-\tau) \, d\tau = e^{-t}$$

genügen.

10. Man stelle die zur Bildfunktion

$$f : s \to \frac{1}{\sqrt{s(s+1)}}$$

gehörige Originalfunktion als Faltungsintegral dar.

11. Die Besselsche Funktion der Ordnung 0 ist definiert durch

$$J_0(t) := \sum_{n=0}^{\infty} \frac{\left(-\dfrac{t^2}{4}\right)^n}{(n!)^2}.$$

Durch gliedweise Integration kann bewiesen werden, dass

$$J_0(t) \circ\!\!-\!\!\bullet \frac{1}{\sqrt{s^2+1}}.$$

(a) Durch Benutzung der Zerlegung $s^2+1=(s+i)(s-i)$ stelle man $J_0(t)$ als ein (Faltungs-)Integral dar.

(b) Man zeige:

$$\int_0^t J_0(\tau)J_0(t-\tau)\,d\tau = \sin t.$$

12. Sei F eine stetig differenzierbare Originalfunktion, $F(0)=0$. Wir betrachten die sogenannte Abelsche Integralgleichung für eine gesuchte Funktion G:

$$\int_0^t \frac{G(\tau)}{\sqrt{t-\tau}}\,d\tau = F(t), \qquad t>0. \tag{7}$$

Man zeige, dass diese Gleichung die Lösung

$$G: t \to G(t) := \frac{1}{\pi}\int_0^t \frac{F'(\tau)}{\sqrt{t-\tau}}\,d\tau$$

besitzt.

(Anleitung: Das Integral (7) kann als Faltungsintegral aufgefasst werden. Man gehe in den Bildraum und löse nach $g \bullet\!\!-\!\!\circ G$ auf. Dann transformiere man zurück.)

13. Welche Originalfunktion G befriedigt die Abelsche Integralgleichung

$$\int_0^t \frac{G(\tau)}{\sqrt{t-\tau}}\,d\tau = t^2, \qquad t>0?$$

6.8. *Die Rücktransformation*

Wir befassen uns in diesem letzten Abschnitt mit dem Problem der Rücktransformation: Gegeben ist eine Bildfunktion, gesucht die (nach Satz 6.3c eindeutig bestimmte) zugehörige Originalfunktion. Bis jetzt haben wir dieses Problem jeweils ad hoc gelöst – durch einen Blick auf die Korrespondenzentabelle, durch geschicktes Anwenden der Grundregeln, bei rationaler Bildfunktion durch Partialbruchzerlegung.

Zunächst stellen wir uns die Frage, welche Funktionen denn Laplace-Transformierte sein *können*. Nach den Sätzen 6.3a und 6.3b sind folgende Bedingungen notwendig dafür, dass eine Funktion f Laplace-Transformierte ist:

(*) f muss in einer Halbebene $\operatorname{Re} s > \sigma_0$ analytisch sein;

(**) Es muss

$$\lim_{s\to\infty} f(s) = 0 \qquad (1)$$

gelten, wenn s derart gegen ∞ strebt, dass $\operatorname{Re} s$ gegen $+\infty$ geht.

Bemerkung. Wir fügen hier ohne Beweis hinzu, dass für eine Laplace-Transformierte (1) auch noch dann gilt, wenn s innerhalb der Halbebene $\operatorname{Re} s > \sigma_0$ auf einer Vertikalen gegen ∞ strebt.

Es werden jetzt drei prinzipielle Methoden der Rücktransformation diskutiert.

1. *Rücktransformation durch Potenzreihenentwicklung*

Die Funktion

$$f : s \to f(s)$$

sei ausserhalb eines Kreises $|s| > R$, $R > 0$, analytisch, und es gelte (1). Nach Satz 5.6a kann f in eine Laurent–Reihe nach Potenzen von s entwickelt werden, wobei wegen (1) nur

6.8. Die Rücktransformation

negative Potenzen von s vorkommen:

$$f(s) := \sum_{n=0}^{\infty} \frac{a_n}{s^{n+1}}, \qquad |s| > R. \tag{2}$$

Wenn wir die Reihe (2) gliedweise zurücktransformieren, erhalten wir, da

$$\frac{a_n}{s^{n+1}} \bullet\!\!-\!\!\circ \frac{a_n}{n!} t^n, \qquad n = 0, 1, 2, \ldots,$$

die Reihe

$$F(t) := \sum_{n=0}^{\infty} \frac{a_n}{n!} t^n. \tag{3}$$

Ist nun die durch (3) definierte Funktion F die gesuchte Originalfunktion zu f? (Für $t < 0$ wäre natürlich wie immer $F(t) := 0$ zu setzen.) Wir zeigen zunächst, dass die Reihe (3) für alle t konvergiert, d.h., dass F ganz ist. Sei $R_1 > R$. Nach der Cauchyschen Koeffizientenabschätzungsformel gilt für ein $M > 0$

$$|a_n| \leq M R_1^n, \qquad n = 0, 1, 2, \ldots$$

(s. Abschnitt 5.6). Dies führt zu der Abschätzung

$$\begin{aligned}
|F(t)| &= \left| \sum_{n=0}^{\infty} \frac{a_n}{n!} t^n \right| \\
&\leq \sum_{n=0}^{\infty} \frac{|a_n|}{n!} |t|^n \\
&\leq M \sum_{n=0}^{\infty} \frac{R_1^n}{n!} |t|^n \\
&= M e^{R_1 |t|}. \tag{4}
\end{aligned}$$

Die Reihe (3) konvergiert demnach in der Tat für alle t. Zudem wächst F nach (4) für $t \to \infty$ höchstens exponentiell. Da F als Potenzreihe unendlich oft differenzierbar ist, erfüllt

F somit alle Bedingungen einer Originalfunktion. Weiter kann gezeigt werden, dass die Reihe (3) gliedweise transformiert werden darf. Bei gliedweiser Transformation von (3) kommt aber natürlich als Bildfunktion wieder f heraus.

Wir haben damit folgendes bewiesen:

SATZ 6.8a (*Erster Entwicklungssatz*). *Die Funktion f sei für $|s|>R$, $R>0$, analytisch und besitze die Laurent-Entwicklung*

$$f(s) = \sum_{n=0}^{\infty} \frac{a_n}{s^{n+1}}. \tag{5}$$

Dann ist die Funktion

$$F : t \to \sum_{n=0}^{\infty} \frac{a_n}{n!} t^n$$

ganz, und es gilt

$$F \circ\!\!-\!\!\bullet\, f;$$

mit andern Worten: Man erhält die zur Reihe (5) *gehörige Originalfunktion durch gliedweise Rücktransformation.*

BEISPIELE

① Anwendung des ersten Entwicklungssatzes auf die Bildfunktion

$$f : s \to \frac{1}{s-1}$$

liefert die bekannte Korrespondenz

$$\frac{1}{s-1} = \frac{1}{s} \frac{1}{1-\frac{1}{s}} = \sum_{n=0}^{\infty} \frac{1}{s^{n+1}} \bullet\!\!-\!\!\circ \sum_{n=0}^{\infty} \frac{t^n}{n!} = e^t.$$

6.8. Die Rücktransformation

② Wir wenden den ersten Entwicklungssatz auf die Bildfunktion

$$f: s \to \frac{s}{s^2+1}$$

an; wir erhalten

$$\frac{s}{s^2+1} = \frac{1}{s}\frac{1}{1+\frac{1}{s^2}} = \frac{1}{s} - \frac{1}{s^3} + \frac{1}{s^5} - \frac{1}{s^7} + \cdots$$

$$\bullet\!\!-\!\!\circ\; 1 - \frac{t^2}{2!} + \frac{t^4}{4!} - \frac{t^6}{6!} + \cdots = \cos t,$$

eine uns ebenfalls bekannte Korrespondenz.

③ In Beispiel ④, Abschnitt 6.5, sind wir auf die Bildfunktion

$$f: s \to \frac{1}{\sqrt{s^2+1}}$$

gestossen, wobei $|s|>1$ und der Wurzelwert durch die Beziehung

$$\frac{1}{\sqrt{s^2+1}} = \frac{1}{s}\left(1+\frac{1}{s^2}\right)^{-1/2} \text{(Hauptwert)}$$

festgelegt sei. Wir sind jetzt in der Lage, die zugehörige Originalfunktion zu bestimmen. Dazu entwickeln wir f in eine Binomialreihe:

$$\frac{1}{s}\left(1+\frac{1}{s^2}\right)^{-1/2} = \frac{1}{s}\sum_{n=0}^{\infty}\binom{-1/2}{n}\frac{1}{s^{2n}}$$

$$= \sum_{n=0}^{\infty}\binom{-1/2}{n}\frac{1}{s^{2n+1}}.$$

Wir haben also

$$f(s) = \sum_{n=0}^{\infty} \frac{c_n}{s^{2n+1}} \qquad (6)$$

mit

$$c_n = \binom{-1/2}{n}, \quad n = 0, 1, 2, \ldots$$

Wir formen c_n um:

$$c_n = \binom{-1/2}{n} = \frac{\left(-\frac{1}{2}\right)\left(-\frac{3}{2}\right)\left(-\frac{5}{2}\right)\cdots\left(-\frac{2n-1}{2}\right)}{n!}$$

$$= (-1)^n \frac{1 \cdot 3 \cdot 5 \cdots (2n-1)}{2^n n!}$$

$$= (-1)^n \frac{(2n)!}{2^{2n}(n!)^2}.$$

Damit ergibt sich, wenn wir (6) gliedweise zurücktransformieren, als gesuchte Originalfunktion

$$F(t) := \sum_{n=0}^{\infty} \frac{(-1)^n}{2^{2n}(n!)^2} t^{2n}$$

oder umgeschrieben

$$F(t) = \sum_{n=0}^{\infty} \frac{1}{(n!)^2}\left(-\frac{t^2}{4}\right)^n.$$

Die Funktion F heisst die **Besselsche Funktion der Ordnung** 0 und wird üblicherweise mit $J_0(t)$ bezeichnet.

2. Die komplexe Umkehrformel

Es sei F eine Originalfunktion mit dem Wachstumskoeffizienten σ_0, und es sei f die Laplace-Transformierte von F:

$$f(s) = \int_0^{\infty} e^{-st} F(t)\, dt.$$

6.8. Die Rücktransformation

Wegen $F(t) = 0$ für $t < 0$ können wir auch

$$f(s) = \int_{-\infty}^{\infty} e^{-st} F(t)\, dt$$

schreiben. Wir setzen nun $s =: \sigma_1 + i\omega$ mit festem $\sigma_1 > \sigma_0$ und betrachten die Funktion

$$g : \omega \to f(\sigma_1 + i\omega) = \int_{-\infty}^{\infty} e^{-(\sigma_1 + i\omega)t} F(t)\, dt$$

$$= \int_{-\infty}^{\infty} e^{-i\omega t} e^{-\sigma_1 t} F(t)\, dt, \quad -\infty < \omega < \infty.$$

Die Funktion g hat die Gestalt einer *Fourier-Transformierten*, und zwar ist g die Fourier-Transformierte der Funktion

$$G : t \to e^{-\sigma_1 t} F(t), \quad -\infty < t < \infty.$$

Es gilt nun gemäss der *Umkehrformel der Fourier-Transformation*, die hier als bekannt vorausgesetzt wird, an allen Stetigkeitsstellen t von G (d.h. an allen Stetigkeitsstellen t von F)

$$G(t) = \frac{1}{2\pi} \int_{-\infty}^{\infty} e^{i\omega t} g(\omega)\, d\omega.$$

Hieraus folgt

$$e^{-\sigma_1 t} F(t) = \frac{1}{2\pi} \int_{-\infty}^{\infty} e^{i\omega t} f(\sigma_1 + i\omega)\, d\omega$$

oder also

$$F(t) = \frac{1}{2\pi} \int_{-\infty}^{\infty} e^{(\sigma_1 + i\omega)t} f(\sigma_1 + i\omega)\, d\omega.$$

Wir können das letzte Integral eleganter schreiben, indem wir es als ein Integral längs der Geraden

$$\Gamma : \omega \to s(\omega) := \sigma_1 + i\omega, \quad -\infty < \omega < \infty,$$

auffassen (s. Fig. 6.8a). Mit $ds = i\, d\omega$ bekommen wir schliesslich so

$$F(t) = \frac{1}{2\pi i} \int_\Gamma e^{st} f(s)\, ds.$$

Es ist also immer möglich, bei gegebener Bildfunktion die zugehörige Originalfunktion in Form eines komplexen Integrals auszudrücken.

s-Ebene

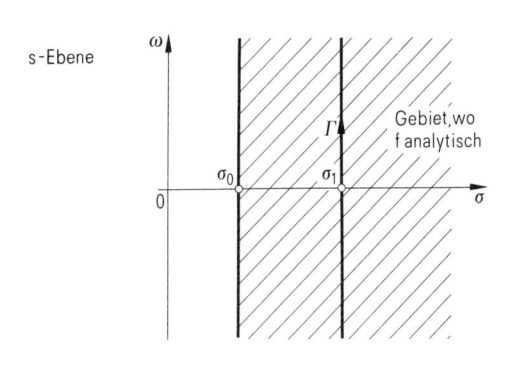

Fig. 6.8a

Wir fassen zusammen:

SATZ 6.8b (*Komplexe Umkehrformel*). *Sei F eine Originalfunktion mit dem Wachstumskoeffizienten σ_0 und f die Laplace-Transformierte von F:*

$$F \circ\!\!-\!\!\bullet f.$$

Dann gilt an allen Stetigkeitsstellen t von F

$$F(t) = \frac{1}{2\pi i} \int_\Gamma e^{st} f(s)\, ds, \tag{7}$$

wobei Γ *eine beliebige von unten nach oben durchlaufene Gerade* Re $s = \sigma_1$ *mit* $\sigma_1 > \sigma_0$ *bezeichnet.*

Bemerkungen

1) An einer Sprungstelle t_0 von F liefert die komplexe Umkehrformel gemäss der Theorie des Fourier-Integrals das arithmetische Mittel des rechts- und linksseitigen Grenzwertes von F:

$$\tfrac{1}{2}[F(t_{0^+}) + F(t_{0^-})] = \frac{1}{2\pi i} \int_\Gamma e^{st} f(s)\, ds.$$

2) Es kann vorkommen, dass die Funktion $f(\sigma_1 + i\omega)$ für $\omega \to \pm\infty$ zu langsam gegen Null strebt, so dass das uneigentliche Integral (7) nicht im gewöhnlichen Sinn konvergiert. In diesem Fall ist das Integral (7) als *Hauptwert*

$$\lim_{\Omega \to \infty} \int_{\sigma_1 - i\Omega}^{\sigma_1 + i\Omega} e^{st} f(s)\, ds$$

zu verstehen.

3) Auf den ersten Blick scheint es merkwürdig, dass der Wert des Integrals (7) von der Wahl der Abszisse σ_1 der Geraden Γ unabhängig ist. Man kann dies jedoch leicht direkt einsehen. Wir betrachten den in Fig. 6.8b eingezeichneten rechteckförmigen Weg

$$\tilde{\Gamma} := \Gamma_2 - \Gamma_3 - \Gamma_1 + \Gamma_4.$$

Sei t fest. Die Funktion $s \to e^{st}$ ist in der ganzen komplexen Ebene analytisch, die Funktion $s \to f(s)$ ist in der Halbebene Re $s > \sigma_0$ analytisch. Also ist der Integrand $s \to e^{st} f(s)$ ebenfalls in der Halbebene Re $s > \sigma_0$ analytisch. Nach dem Cauchyschen Integralsatz (Satz 5.2a) haben wir somit

$$\int_{\tilde{\Gamma}} e^{st} f(s)\, ds = 0$$

6. Die Laplace-Transformation

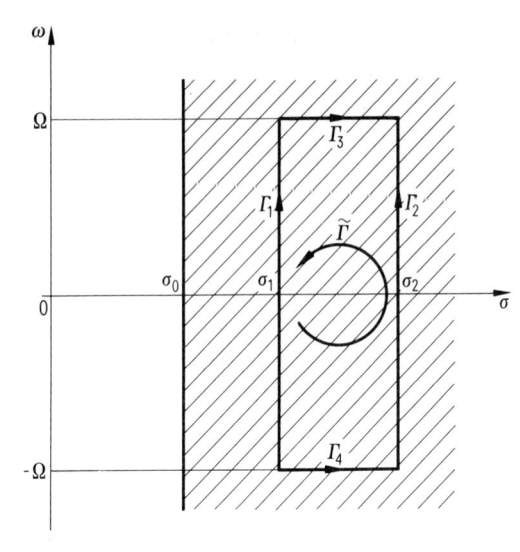

Fig. 6.8b

oder also (die Integranden seien der Kürze halber weggelassen)

$$\int_{\Gamma_1} + \int_{\Gamma_3} = \int_{\Gamma_2} + \int_{\Gamma_4}. \tag{8}$$

Wir lassen jetzt Ω gegen ∞ gehen. Auf den horizontalen Strecken gilt

$$|e^{st}| = |e^{(\sigma \pm i\Omega)t}| \leq e^{\sigma_2 t},$$

d.h., e^{st} ist beschränkt. Da

$$\lim_{\Omega \to \infty} f(\sigma \pm i\Omega) = 0$$

(s. Bemerkung zu (1)), geht demnach auf den horizontalen Strecken der Integrand für $\Omega \to \infty$ gegen Null und damit die

Integrale selbst auch. Aus (8) folgt nun aber unmittelbar

$$\int_{\Gamma_{\sigma_1}} e^{st} f(s) \, ds = \int_{\Gamma_{\sigma_2}} e^{st} f(s) \, ds,$$

wenn Γ_{σ_1} die Gerade Re $s = \sigma_1$ und Γ_{σ_2} die Gerade Re $s = \sigma_2$ bezeichnen.

BEISPIEL

④ Sei $F(t) := H(t)$ die Heavisidesche Sprungfunktion (s. Fig. 6.8c).

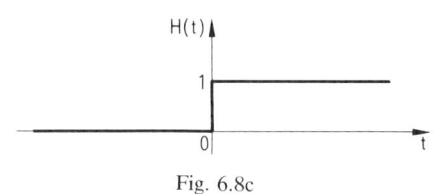

Fig. 6.8c

Aus der Korrespondenz

$$H(t) \circ\!\!-\!\!\!-\!\!\bullet \frac{1}{s}$$

ergibt sich gemäss der Umkehrformel für jedes $\sigma > 0$

$$\frac{1}{2\pi i} \int_{\mathrm{Re}\, s = \sigma} \frac{e^{st}}{s} \, ds = \begin{cases} 0 & \text{für } t < 0, \\ \frac{1}{2} & \text{für } t = 0, \\ 1 & \text{für } t > 0 \end{cases} \qquad (9)$$

(sogenannter **Dirichletscher diskontinuierlicher Faktor**). Beziehung (9) kann natürlich auch direkt mittels Residuenrechnung erhalten werden.

Die Umkehrformel ist in erster Linie nicht Mittel zur expliziten Bestimmung der Originalfunktion in konkreten Fällen. Auch ist sie zur numerischen Berechnung der

Originalfunktion wenig geeignet, da das uneigentliche Integral i.allg. zu langsam konvergiert und da für grosse t der Integrand stark oszilliert. Der Umkehrformel kommt vielmehr eine wichtige theoretische Bedeutung zu, weil durch sie das Problem der Rücktransformation mit den Hilfsmitteln der komplexen Analysis angegangen werden kann. Dabei stellt sich vor allem der Residuensatz als ein hervorragendes Hilfsmittel heraus.

3. *Rücktransformation durch Residuenrechnung*

Es sei F eine Originalfunktion mit dem Wachstumskoeffizienten σ_0, und es sei f die Laplace-Transformierte von $F: F \circ\!\!-\!\!\bullet f$. Über f machen wir folgende Annahmen:
  (i) f ist in der ganzen komplexen Ebene analytisch bis auf (endlich oder unendlich viele) isolierte Singularitäten $s_1, s_2, \ldots$ (die notwendigerweise alle in der Halbebene Re $s < \sigma_0$ liegen);
 (ii) Es existiert eine Folge von Kreisen Γ_n mit dem Mittelpunkt 0 und dem Radius R_n, wobei $\lim_{n\to\infty} R_n = \infty$, derart, dass

$$\lim_{n\to\infty} \max_{s \in \Gamma_n} |f(s)| = 0. \tag{10}$$

Sei $\sigma_1 > \sigma_0$. Es bezeichne (s. Fig. 6.8d)

Γ die Gerade Re $s = \sigma_1$,
Γ'_n das durch den Kreis Γ_n herausgeschnittene Stück der Geraden Γ,
Γ''_n das durch die Gerade Γ abgeschnittene linke Stück des Kreises Γ_n.

Wir betrachten das Integral der Funktion $s \to e^{st} f(s)$ längs der

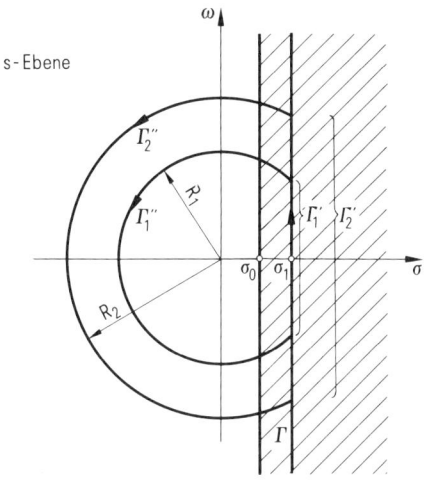

Fig. 6.8d

geschlossenen Kurve $\Gamma_n' + \Gamma_n''$. Der Residuensatz liefert

$$\frac{1}{2\pi i} \int_{\Gamma_n' + \Gamma_n''} e^{st} f(s)\, ds = \sum_{|s_k| < R_n} \text{Res}\, [e^{st} f(s)]_{s=s_k}. \qquad (11)$$

Wir lassen nun n gegen ∞ gehen. Offenbar gilt

$$\lim_{n \to \infty} \frac{1}{2\pi i} \int_{\Gamma_n'} e^{st} f(s)\, ds = \frac{1}{2\pi i} \int_{\Gamma} e^{st} f(s)\, ds = F(t).$$

Weiter kann gezeigt werden, dass unter der Voraussetzung (ii) für jedes $t > 0$

$$\lim_{n \to \infty} \int_{\Gamma_n''} e^{st} f(s)\, ds = 0.$$

Damit folgt aus (11) durch den Grenzübergang $n \to \infty$

$$F(t) = \sum_{s_k} \text{Res}\, [e^{st} f(s)]_{s=s_k},$$

wobei die Summe über alle Singularitäten von f zu erstrecken ist.

Wir haben also folgendes bewiesen:

SATZ 6.8c (*Zweiter Entwicklungssatz*). *Es sei F eine Originalfunktion, die Bildfunktion f von F genüge den Voraussetzungen* (i) *und* (ii). *Dann gilt für jedes $t>0$*

$$F(t) = \sum_{s_k} \operatorname{Res} [e^{st} f(s)]_{s=s_k}.$$

Bemerkung. In Voraussetzung (ii) brauchen die Kurven Γ_n nicht unbedingt Kreise zu sein; es können z.B. auch rechteckförmige Kurven sein. Wesentlich ist nur, dass die Kurvenschar ins Unendliche geht und die Bedingung (10) erfüllt ist.

BEISPIELE

⑤ *Rationale Bildfunktion.* Es sei f eine rationale Bildfunktion mit lauter einfachen Polen $s_1, s_2, \ldots, s_N$. Als Bildfunktion verschwindet f im Unendlichen, so dass die Partialbruchzerlegung von f die Form

$$f(s) = \frac{A_1}{s-s_1} + \frac{A_2}{s-s_2} + \cdots + \frac{A_N}{s-s_N}$$

hat, A_k komplexe Konstanten. Offenbar ist

$$\operatorname{Res}[e^{st}f(s)]_{s=s_k} = \operatorname{Res}\left[e^{st}\frac{A_k}{s-s_k}\right]_{s=s_k} = A_k e^{s_k t}.$$

Gemäss Satz 6.8c erhalten wir damit als Originalfunktion zu f

$$F(t) := \sum_{k=1}^{N} A_k e^{s_k t},$$

was anhand der Korrespondenztabelle sofort verifiziert werden kann.

6.8. Die Rücktransformation

⑥ *Unendlich viele Pole.* Wir betrachten den elektrischen Schwingkreis von Abschnitt 6.6 (s. Fig. 6.8e).

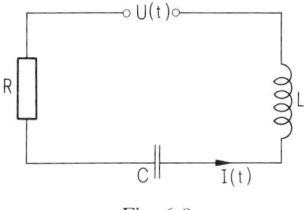

Fig. 6.8e

Die Übertragungsfunktion ist

$$g(s) = \frac{1}{R + \dfrac{1}{sC} + sL}.$$

Die angelegte Spannung $U(t)$ sei jetzt eine Impulsfunktion (s. Fig. 6.8f). In der Korrespondenzentabelle findet man

$$U(t) \circ\!\!-\!\!\bullet u(s) = \frac{U_0}{s} \frac{1-e^{-sT}}{1-e^{-2sT}} = \frac{U_0}{s} \frac{1}{1+e^{-sT}}.$$

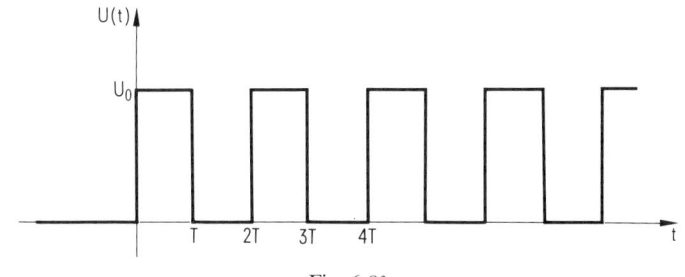

Fig. 6.8f

Wir interessieren uns wieder für den Dauerzustand der

Stromstärke $I(t)$. Als Bildfunktion $i(s)$ ergibt sich

$$i(s) = g(s)u(s) = \frac{1}{R + \dfrac{1}{sC} + sL} \frac{U_0}{s} \frac{1}{1+e^{-sT}}$$

$$= \frac{CU_0}{s^2LC + sRC + 1} \frac{1}{1+e^{-sT}}.$$

Die Pole der Übertragungsfunktion liegen in der linken Halbebene und tragen somit eine exponentiell gedämpfte Schwingung zur Lösung bei. Für den Dauerzustand massgebend sind daher nur die Pole der Funktion

$$s \to \frac{1}{1+e^{-sT}}.$$

Sie liegen dort, wo

$$e^{-sT} = -1,$$

d.h. an den Stellen

$$s_k = \frac{ik\pi}{T}, \qquad k = \pm 1, \pm 3, \pm 5, \ldots$$

Wir müssen jetzt die Residuen der Funktion $s \to e^{st}i(s)$ an den Stellen s_k berechnen. Unter Anwendung des Korollars zu Satz 5.8b bekommen wir

$$\operatorname{Res}\left[e^{st}i(s)\right]_{s=s_k} = e^{s_k t} \frac{CU_0}{s_k^2 LC + s_k RC + 1} \operatorname{Res}\left[\frac{1}{1+e^{-sT}}\right]_{s=s_k}$$

$$= e^{s_k t} \frac{CU_0}{s_k^2 LC + s_k RC + 1} \frac{1}{-Te^{-s_k T}}$$

$$= \frac{CU_0}{T} \frac{1}{1 - \dfrac{k^2\pi^2 LC}{T^2} + \dfrac{ik\pi RC}{T}} e^{ik\pi t/T}$$

$$= \frac{CU_0}{T} \frac{1 - \dfrac{k^2\pi^2 LC}{T^2} - i\dfrac{k\pi RC}{T}}{\left(1 - \dfrac{k^2\pi^2 LC}{T^2}\right)^2 + \left(\dfrac{k\pi RC}{T}\right)^2} e^{ik\pi t/T}.$$

6.8. Die Rucktransformation

Da die zu $\pm k$ gehörigen Residuen zueinander konjugiert komplex sind, lassen sie sich in einen Term zusammenfassen. Summation über alle Residuen ergibt schliesslich so als Dauerzustand

$$I(t) = \frac{2CU_0}{T} \sum_{k=1,3,5,\ldots} \frac{\left(1 - \frac{k^2\pi^2 LC}{T^2}\right)\cos\frac{k\pi t}{T} + \frac{k\pi RC}{T}\sin\frac{k\pi t}{T}}{\left(1 - \frac{k^2\pi^2 LC}{T^2}\right)^2 + \left(\frac{k\pi RC}{T}\right)^2}.$$

Die rechtsstehende Reihe hat die Gestalt einer Fourier-Reihe der Periode $2T$. Anwendung von Satz 6.8c hat uns also die Lösung in Form einer Fourier-Reihe geliefert.

Für $R \to 0$ erhält die Lösung die einfachere Gestalt

$$I(t) = \frac{2CU_0}{T} \sum_{k=1,3,5,\ldots} \frac{\cos\frac{k\pi t}{T}}{1 - \frac{k^2\pi^2 LC}{T^2}}.$$

Dies gilt natürlich nur, wenn T nicht ein ungerades Vielfaches von $\pi\sqrt{LC}$ ist. Der Fall $R = 0$ und T ein ungerades Vielfaches von $\pi\sqrt{LC}$ führt zu zweifachen Polen von $i(s)$, was die Bestimmung der Residuen erschwert. Man bekommt dann neben der periodischen Komponente einen Term, der zeigt, dass Resonanz auftritt.

AUFGABEN

1. Man bestimme die Bildfunktion

$$F: t \to \int_0^t \frac{\sin\tau}{\tau}\,d\tau$$

einerseits durch Reihenentwicklung, andererseits durch Anwendung des Integrationssatzes (Regel V) auf die in Beispiel

⑦, Abschnitt 6.4, hergeleitete Korrespondenz

$$\frac{\sin t}{t} \circ\!\!-\!\!\bullet \frac{\pi}{2} - \operatorname{Arctg} s.$$

2. Sei

$$f: s \to \frac{1}{s} e^{-1/s}, \quad s \neq 0.$$

Welches ist die zu f gehörige Originalfunktion?

3. Man stelle die für $|s| > 1$ gültige Laurent–Reihe der Funktion

$$f: s \to \operatorname{Log}\left(1 + \frac{1}{s}\right)$$

auf und bestimme damit die zu f gehörige Originalfunktion F. Die entstehende Reihe für $F(t)$ kann durch bekannte Funktionen ausgedrückt werden!

(Hinweis: Man entwickle zunächst f' nach Potenzen von $1/s$.)

4. Sei $F(t)$ der gleichgerichtete Sinus der Frequenz ω,

$$F(t) := |\sin \omega t|.$$

Man gewinne die Fourier-Reihe von F, indem man die Funktion $f(s) \bullet\!\!-\!\!\circ F(t)$ in Partialbrüche zerlegt und jeden Partialbruch einzeln zurücktransformiert.

5. Sei $F(t)$ die in Fig. 6.8g gezeichnete Sägezahnfunktion.

(a) Man bestimme $f(s) \bullet\!\!-\!\!\circ F(t)$.

(b) Man zerlege $f(s)$ in Partialbrüche.

(c) Man transformiere zurück und gewinne so die Darstellung von F als Fourier-Reihe.

6. Es habe die Originalfunktion F im Intervall $2k\pi \leq t < 2(k+1)\pi$ den Wert 2^{-k}, $k = 0, 1, 2, \ldots$ (s. Fig. 6.8h).

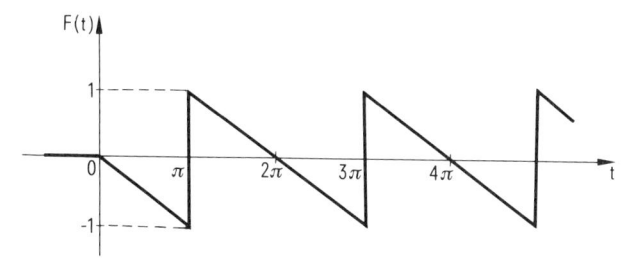

Fig. 6.8g

(a) Man bestimme die Bildfunktion von F.

(b) Durch Auswertung der komplexen Umkehrformel mittels Residuenrechnung ermittle man eine Reihenentwicklung von F.

7. Sei F die Impulsfunktion von Aufgabe 9, Abschnitt 6.4. Aus der Bildfunktion f entwickle man die Originalfunktion nach dem zweiten Entwicklungssatz. Man vergleiche das Resultat mit der bekannten Fourier-Reihe von F.

8. An den in Fig. 6.8i dargestellten Stromkreis wird die gleichgerichtete Sinusspannung

$$U(t) := U_0 \, |\sin \omega t|$$

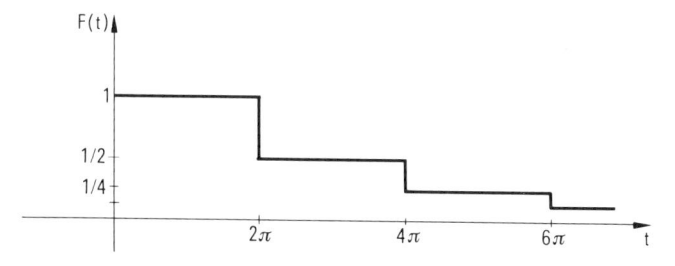

Fig. 6.8h

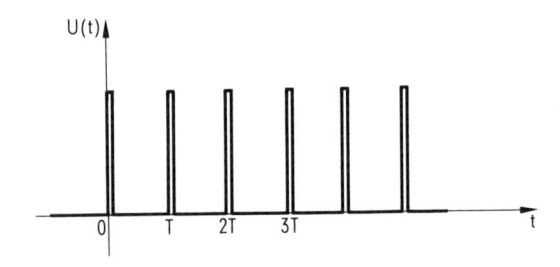

Fig. 6.8i

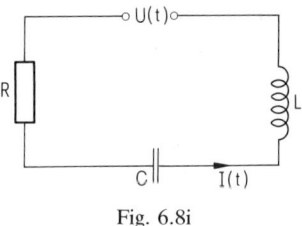

angelegt. Man bestimme den Dauerzustand des resultierenden Stromes $I(t)$.

9. Ein Massenpunkt m führt eine geradlinige Bewegung aus. Auf ihn wirkt die zur Auslenkung proportionale Rückstellkraft $m\omega^2 x$, wobei die Reibung vernachlässigt wird. Zu den Zeitpunkten $t = kT$, $k = 0, 1, 2, \ldots$, erfährt der Massenpunkt einen Stoss der Stärke A (δ-Funktion). Gesucht ist die Bewegung des Massenpunktes, wenn die Anfangsauslenkung und die Anfangsgeschwindigkeit Null sind. Man beachte auch die Möglichkeit der Resonanz; sie zeigt sich in einem Pol zweiter Ordnung der Laplace-Transformierten.

10. Ein RCL-Kreis wird durch periodische Spannungsstösse der Stärke A und der Periode T erregt (s. Fig. 6.8j).

Fig. 6.8j

Man ermittle die Fourier-Reihe für den Dauerzustand des resultierenden Stromes $I(t)$.

11. Ein RC-Kreis (keine Induktivität) wird durch eine periodische Rechteckspannung erregt (s. Fig. 6.8k). Man ermittle den Dauerzustand in Form einer Fourier-Reihe des resultierenden Stromes $I(t)$.

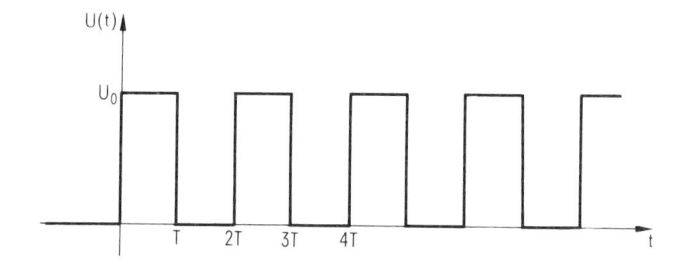

Fig. 6.8k

Liste der Symbole

$\int_\Gamma f(z)\,dz$ 8, $\quad \int_{z_0}^{z_1} f(z)\,dz$ 31;

$\Gamma_1 + \Gamma_2$ 18, $\quad -\Gamma$ 18;

$F(z)|_{z_0}^{z_1}$, $\quad [F(z)]_{z_0}^{z_1}$ 35;

$\sum_{n=-\infty}^{\infty}$ 73;

Res $f(a)$, Res $f(z)|_{z=a}$ 106;

$s = \sigma + i\omega$ 134;

$\mathscr{L}[F]$ 136, $\circ\!\!-\!\!\bullet$ 136, $\mathscr{L}^{-1}[f]$ 147;

$F * G$ 197;

Sachverzeichnis

Additionssatz 153
Ähnlichkeitssatz 153

beschränktes Gebiet 52
Besselsche Funktion der Ordnung 0 210
Bildfunktion 136
Bildraum 137
Bildwiderstand 186

Carson–Heaviside–Transformation 151
Cauchysche Integralformel 44
– für die Ableitungen 56
Cauchyscher Integralsatz 22
Cauchysche Koeffizientenabschätzungsformel 67

Dämpfungssatz 162
Differentiationssatz 153
Diracsche δ-Funktion 190
Dirichletscher diskontinuierlicher Faktor 215
Divisionssatz 158
Doetsch-Symbol 136

Eindeutigkeitssatz für Laurent-Reihen 78
– für Taylor–Reihen 62
einfach geschlossen 21
Entwicklungssatz, erster 208
–, zweiter 218

Faltung 197
Faltungssatz 197
Fundamentalsatz der Algebra 53
Funktionaltransformation 137

geschlossen 21

Hauptsatz der komplexen Integralrechnung 34

Hauptteil 100
Heavisidesche Sprungfunktion 131
hebbare Singularität 91

Impedanz 186
Integral von f längs der Kurve Γ 8
Integraltransformation 137
Integrand 9
Integrationssatz 157
Integrationsweg 9
inverse Laplace–Transformation 147
isolierte Singularität 89

komplexes Kurvenintegral 9
komplexe Umkehrformel 212
Korrespondenz 137

lineare Funktionaltransformation 138
lineares System 183
Laplace-Transformation 137
Laplace-Transformierte 136
Laurent-Reihe 73

Maximumprinzip 50
Mittelwerteigenschaft 49
Multiplikationssatz 156

Originalfunktion 130
Originalraum 131

Pol der Ordnung m 91
positiver Umlaufsinn 10

Residuensatz 106
Residuum 106
Rücktransformation 147

stabil 192
Stammfunktion 34

Satz von Casorati-Weierstrass 98
– von Liouville 67
– von Riemann 96
– über periodische Funktionen 163
Sprungstelle 131
Stossantwort 192
stückweise glatt 10

Taylor-Reihe 61

Übertragungsfunktion 183

Verallgemeinerung des Cauchyschen
  Integralsatzes 42
Verschiebungssatz 160

Wachstumskoeffizient 131
wesentliche Singularität 91

zweifach zusammenhängend 40